U0010360

身の回りにあるノーベル賞がよくわかる本 しろねこと学ぶ生理学・医学賞、物理学賞、化学賞

解讀諾貝爾獎
的科學知識

與3隻可愛的貓咪，
一起探索與諾貝爾獎相關的科學知識

Kakimochi—著
許展寧—譯

一本可以學習諾貝爾生理醫學獎、
化學獎與物理學獎的書

SE
SHOEISHA

晨星出版

序言

　　我是作者KAKIMOCHI，十分感謝你拿起本書閱讀。本書主要在介紹與諾貝爾獎相關的研究內容，並搭配插圖增進理解。

　　進入正文前，我要先來說明一下諾貝爾獎。
　　諾貝爾獎是依據瑞典化學家阿佛烈·諾貝爾的遺囑，於1901年開始設置，是個國際性大獎，專門頒發給對人類有重大貢獻的研究成就。

　　諾貝爾獎設有多個獎項，本書的焦點則是放在與自然科學關係密切的生理醫學獎、物理學獎和化學獎。

　　關於得獎者，會依照各個獎項分別進行遴選。物理獎和化學獎交由瑞典皇家科學院，生理醫學獎則是瑞典的卡洛林斯卡研究所來負責。

　　評選單位會邀請全球各地的研究人員，以及諾貝爾獎歷屆得主推薦人選，尋找適合獲獎的候選人。最後各評選單位再經過討論，正式決定得獎者。

　　在本書中，我從這些脫穎而出的得獎者和研究成就中，挑選了幾個特別知名的內容要介紹給大家。
　　本書總共有5章，從任何章節開始讀起都無妨。第1章是生理學或醫學獎，第2章是物理學獎，第3章則是化學獎的研究成就；第4章介紹諾貝爾獎設立以前的重要成果，第5章則是未來有機會獲得諾貝爾獎的研究。

諾貝爾獎都是頒發給為人類帶來重要貢獻的新發現。換言之，我們的日常生活也奠定在榮獲諾貝爾獎的研究成就上。本書會設法告訴大家這些成就與我們的社會和生活之間有何交集。

　　我希望這本書能夠成為獲獎研究與大眾生活之間的輔助。在解說的途中，書中也會有許多貓咪登場。各位在閱讀的時候，不妨可以找找看這些角色的身影。

　　那麼接下來，就請各位盡情樂在其中吧。

2022年9月　KAKIMOCHI

目 次

第 1 章　諾貝爾生理醫學獎

1.1
神經是化為一體的細胞，還是由細胞連接組成？
提出神經元學說

1.2
要如何不切開身體，就得知心臟的狀況呢？
開發心電圖

1.3
100 年前有血型算命嗎？
發現人的血型

1.4
全世界第一種抗生素！青黴菌拯救數億人的性命？
發現盤尼西林

1.5
生命藍圖是什麼形狀？
揭曉 DNA 的形狀

1.6
為何人體有辦法對抗各式各樣的病毒？
釐清各種抗體的製造機制

1.7
我們是如何聞到氣味呢？
解開氣味偵測器之謎

第2章 諾貝爾物理學獎

第 **3** 章 ┃ 諾 貝 爾 化 學 獎

第 **4** 章　改變歷史的重大發現

第 5 章　未來的諾貝爾獎

本書的閱讀方式

研究對象與概要

**以高爾基染色法和神經元學說解開
中樞神經的結構**

③——| 1906 | 基礎 |——④

建立了以藥物固定神經細胞，將細胞染成
黑色的高爾基染色法，讓人用肉眼即可看
見中樞神經。在進行實驗以前就率先提出
神經元學說，認為中樞神經是由名叫神經
元的神經細胞連接組成，推動了神經系統
的研究。

① 研究者的生卒年

② 第 1 章～第 3 章主要記載研究者獲獎時的國籍，第 4 章則是研究者的出身地或國籍。

③ 第 1 章～第 3 章是記載獲獎年份，第 4 章則是該節內容的發表年份或建立技術的年份。

④ 基礎 …… 追求真理的研究
應用 …… 與開發藥物或機械有關，偏實用性質的研究
技術 …… 重要研究技術的研發

登場角色介紹

白貓

- 對科學有點好奇的貓。
- 好奇身邊的大小事情，過著和人類一樣的生活。

黑貓

- 熱愛科學，神出鬼沒的貓。

花貓

- 很了解科學的貓。

第 1 章

諾 貝 爾 生 理 醫 學 獎

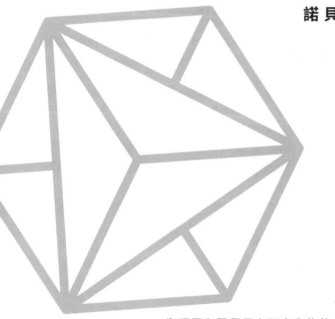

生理學和醫學是在研究生物的身體構造和疾病機制，

以深入了解生物並致力守護健康生活的學問。

究竟得獎者是如何研究生命，

並有什麼樣的發現呢？

1.1 神經是化為一體的細胞，還是由細胞連接組成？

提出神經元學說

得獎者

卡米洛·高爾基

1843～1926
義大利

聖地牙哥·拉蒙·
卡哈爾

1852～1934
西班牙

研究對象與概要

以高爾基染色法和神經元學說釐清中樞神經的結構

| 1906 | 基礎 |

建立了以藥物固定神經細胞，將細胞染成黑色的高爾基染色法，讓人用肉眼即可看見中樞神經。在進行實驗以前就率先提出神經元學說，認為中樞神經是由名叫神經元的神經細胞連接組成，推動了神經系統的研究。

揭開中樞神經的面紗

我們的身體會接收大腦和脊髓發出的電訊號，並根據指令採取行動。電訊號行經的通道稱為神經，中樞神經則是匯集了多條神經，可以操控或調節其他神經。

高爾基在1873年發表了名叫高爾基染色法的染色方式，是以藥物染色神經細胞的手法。卡哈爾利用這種染色法進行研究，**提出中樞神經是由神經元細胞連接組成的神經元學說**。後來神經元學說便成為腦科學和醫學的定論，奠定神經系統的研究基礎。

中樞神經

等同於神經系統的隊長

以脊椎動物來說就是大腦和脊髓

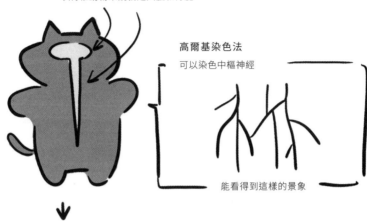

高爾基染色法

可以染色中樞神經

能看得到這樣的景象

↓

具有什麼樣的結構呢？

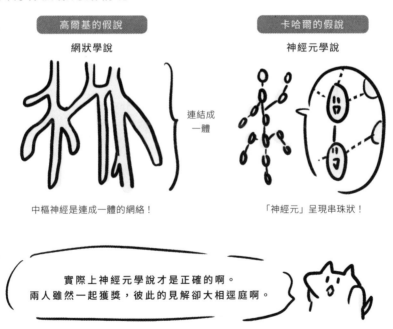

高爾基的假說

網狀學說

連結成一體

中樞神經是連成一體的網絡！

卡哈爾的假說

神經元學說

「神經元」呈現串珠狀！

實際上神經元學說才是正確的啊。
兩人雖然一起獲獎，彼此的見解卻大相逕庭啊。

圖 1.1.1　中樞神經變得肉眼可見，更加了解神經系統的結構

想研究肉眼看不到的地方

　　16世紀時，一位名叫維薩里的醫生出版了有關人體解剖的著作。透過解剖，可以用肉眼看到肌肉、器官等較大的部分，但是當時還不清楚神經細胞的結構。

使神經細胞視覺化

　　神經細胞的顏色與周圍的細胞相近，難以直接以肉眼觀察，必須借助染色法的力量。在1873年，高爾基發表了代表性的細胞染色法「高爾基染色法」。

　　高爾基染色法使用了四氧化鋨和重鉻酸鉀等藥品，**讓細胞停止變化。再將細胞泡進硝酸銀水溶液後，神經細胞就會被染黑。**有了這個染色法，便能以肉眼看到神經組織了。

提出神經元學說

　　卡哈爾認為**中樞神經是由神經元細胞連接組成**。這就是所謂的神經元學說。到了1930年代[※1]，有了電子顯微鏡之後，便成功捕捉到神經元的模樣，證實卡哈爾的假說正確無誤。

神經元學說成為各種研究領域的基礎

麻醉
聚焦在神經元表面的
蛋白質

睡眠
研究大腦
在睡眠期間出現的現象

人工智慧
仿效神經元建立模型

圖 1.1.2　以神經元為基石的研究領域

　　中樞神經是控制生物身體動作的重要神經。經由兩人的研究，揭開了神經結構的謎團。在醫學和生理學等領域，要研究麻醉、睡眠等主題時，神經系統的模樣和神經元的相關知識都是不可或缺的存在。

總整理

高爾基發表了利用染色的方式，能以肉眼觀察神經細胞的高爾基染色法；卡哈爾則提出神經元學說，推測中樞神經的組成方式，揭開中樞神經結構的面紗。這些發現成為醫學和生理學的基石。

開發心電圖

得獎者

威廉‧埃因托芬
1860～1927
荷蘭

研究對象與概要

開發心電圖與心電計
| 1924 | 技術 |

早期的心電計即可檢測到心跳產生的電
流，經過大幅改良後，成功發明出能大略
捕捉心臟活動的實用心電計，並獲得詳細
的心電圖。分析並發表心電圖與心臟異常
現象的關係，推動了心電圖的醫療用途。

醫療連續劇和健康檢查時常見的心電圖

　　心臟是個重要的器官，會像幫浦那樣將血液送至身體的各個
角落。要調查心臟的狀態時，現在會使用心電計。心電計是測量
心跳產生了多少毫伏（mV）的電壓，並記錄成心電圖的裝置。
在學校、職場做健康檢查時，也會使用到這個儀器。

　　埃因托芬是致力開發心電計，人稱近代心電計之父的人
物。他改良1842年發明的早期心電計，開發出靈敏度高的心電
計。1906年時，他分析心電計紀錄的心電圖與心臟疾病之間的
關係，為心電圖奠定了醫療用途的基礎。

心電計

透過螢幕
確認數據

裝上專用的裝置

觀察心電圖，
掌握心臟的活動

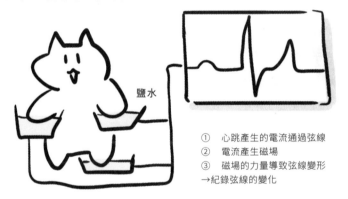

1903 年　開發弦線式檢流計

鹽水

① 心跳產生的電流通過弦線
② 電流產生磁場
③ 磁場的力量導致弦線變形
→紀錄弦線的變化

探討心電圖與心臟狀態的關係

發現心臟一旦出現異常，
心電圖就會冒出特殊的模樣

圖 1.2.1　檢測心臟釋出的電流，反映在圖像上

如何得知心臟的狀況？

1842年時，發明了史上第一台心電計。然而，這種心電計的精確度還不足以用於醫療用途，當時也沒有機器可以修正測量時的雜訊。到了1903年，埃因托芬改良第一台心電計，發明出精確度高的心電計。

這種心電計使用了一種名叫弦線式檢流計，在磁鐵之間吊掛弦線的儀器。當電流通過弦線時，弦線會因為電流產生的磁場改變形狀，**我們就可以透過弦線的動靜得知心臟活動釋出的電流。所謂的心電圖，就是記錄這些變化的圖形。**

由於埃因托芬初期製作的心電計搭載了磁力強大的磁鐵，整個儀器重達270公斤，必須動用5個人才能操作[※2]。在逐漸輕量化之後，20世紀中期已降至數公斤，一人即可操控。

1906年時，**發現了人類共通的普遍心電圖，並分析了心電圖與心臟狀態之間的關係。**因為這些研究，使得醫療現場也逐漸開始使用心電圖。

還想知道更多！

查出心電圖與心臟之間關聯的醫生

埃因托芬的心電計會記錄心電圖，推動心電圖實用化的功臣則是田原淳醫生。田原發現有個叫做心臟電傳導系統的部分會傳遞心臟內的電流刺激，並查出心電圖各個部分會對應到心臟的哪個地方。田原不僅確立心電圖在醫學上的意義，也讓心電圖有了更廣泛的運用。

心臟電傳導系統

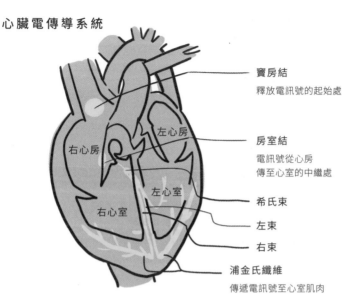

竇房結
釋放電訊號的起始處

左心房

右心房

房室結
電訊號從心房
傳至心室的中繼處

左心室

右心室

希氏束

左束

右束

浦金氏纖維
傳遞電訊號至心室肌肉

圖 1.2.2 傳遞心臟內部刺激的心臟電傳導系統

減少患者負擔的檢查

只要使用心電計，不用傷及身體就能得知心臟的狀態。埃因托芬推廣的心電圖在全球受到廣泛使用，在醫療現場和醫學領域守護著我們的健康。

> **總整理**
>
> 埃因托芬開發出高性能的心電計，打開了利用心電圖診斷心臟疾病的大門。有了心電圖儀器，不用傷害身體就能檢查心臟，成為醫療現場的強大助力。

1.3 | 100年前
有血型算命嗎？

發 現 人 的 血 型

得獎者

卡爾・蘭德施泰納
1868 ～ 1943
奧地利

研究對象與概要

發現 ABO 血型系統
| 1930 | 基礎 |

在培養皿中混含人的血液，發現有些組合
會出現凝集作用。觀察凝集作用的狀況，
將血液分成 3 種並發現 ABO 血型系統。
根據血液是否凝集來預防副作用，為輸血
的安全性帶來貢獻。

如何安全地輸入維繫生命的血液？

雖然信者恆信，但想必很多人都玩過血型算命吧？血型算命始於1927年，是日本獨有的占卜方式。在此之前，世界上甚至還沒發現血型的存在。

1900年時，蘭德施泰納發現了血型。他觀察到**人類的血液經過混合後，有時候會出現凝固的現象。**於是他分析了會凝固以及不會凝固的血液組合，便發現了**ABO**這三種血型。除此之外，也確認了ABO血型系統是根據血液的紅血球與抗體種類而定[※3]。

血液具有相容性，1900 年便透過這個性質發現三種血型。

觀察得更仔細後……發現血液含有不同抗原和抗體

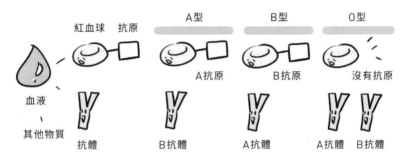

	A型	B型	O型
紅血球 抗原	A抗原	B抗原	沒有抗原
血液 其他物質			
抗體	B抗體	A抗體	A抗體 B抗體

A抗體會攻擊A抗原，B抗體會攻擊B抗原

AB 型是直到
1902 年才被發現。

		接受輸血的血型			
		A	B	O	AB
提供輸血的血型	A	○	×	×	○
	B	×	○	×	○
	O	○	○	○	○
	AB	×	×	×	○

○…血液不會凝固、×…血液會凝固

圖 1.3.1　血型是指紅血球表面的蛋白質形態

對於輸血安全的期許

　　因為輸血，才會發現血型。輸血始於17世紀之後，當時除了人類的血液之外，也會使用羊的血液進行輸血。然而，由於產生嚴重副作用的病例增加，各地開始禁止輸血。因此**為了打造安全且沒有副作用的輸血環境，便需要了解輸血的相關知識。**

混合血液後⋯

　　將血液放進培養皿，再混合其他血液後，有時候會發生凝固的現象。蘭德施泰納注意到這個變化，並發現了會凝固以及不會凝固的血液組合。

　　1900年時，經過分析之後得知血液有三種類型，分別是A型、B型、C型。C型在後來被改名為O型，阿爾弗雷德・馮・狄卡斯特羅與亞德里安諾・休圖爾利則在1902年發現了AB型。

　　因為抗體攻擊血液中的紅血球，才會導致血液產生凝固。紅血球的表面有名叫抗原的特徵，A抗原會對A抗體產生作用，B抗原則會對B抗體有反應。

也找到了其他血型

　　繼ABO血型系統之後，也隨之發現了其他血型。現在為了有效減少輸血的副作用，白血球的抗原HLA和血小板的抗原HPA都發揮了很大的作用。

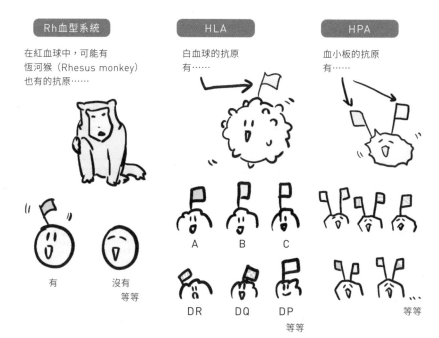

Rh血型系統

在紅血球中，可能有
恆河猴（Rhesus monkey）
也有的抗原……

有　　　　沒有
　　　　　等等

HLA

白血球的抗原
有……

A　　B　　C

DR　　DQ　　DP
　　　等等

HPA

血小板的抗原
有……

等等

圖 1.3.2　之後又發現各種不同血型，分別有不一樣的用途。

安全的輸血環境

　　為了避免血液凝固，只要讓輸血用的血液血型與接受輸血者的血型配對正確，就能有效預防副作用。蘭德施泰納發展的血液系統就這樣讓輸血變得更加安全了。

> **總整理**
>
> 1900 年時，蘭德施泰納觀察到血液凝固的現象，進而發現了血型。因為這項創舉，之後人們在進行輸血時，開始變得會注意安全的血液組合。

發現盤尼西林

得獎者

亞歷山大·
佛萊明

1881～
1955
英國

霍華德·
沃爾特·
弗洛里

1898～
1968
澳洲

恩斯特·
鮑里斯·
錢恩

1906～
1979
英國

研究對象與概要

發現盤尼西林與治療傳染病的效用　| 1945 | 應用 |

觀察混入金黃色葡萄球菌培養皿中的青黴菌，注意到青黴菌會妨礙周邊的金黃色葡萄球菌繼續成長，因而發現世界第一個抗生素「盤尼西林」。成功進行分離後，開拓出大量生產盤尼西林的道路。

攻擊細菌的藥

　　到皮膚科或內科看病時，有時候醫生會開含有抗生素的藥。**所謂的抗生素，就是抑制微生物成長和活動的物質**。像是細菌引發的急性中耳炎等病症[4]，抗生素就能發揮效用。

　　抗生素是在1928年被發現。佛萊明在實驗中，發現青黴菌含有擊潰金黃色葡萄球菌的物質，並取名為盤尼西林。1940年時，錢恩和弗洛里**成功提煉出盤尼西林**。這個成果拓展了大量生產的可能性，讓盤尼西林成為受到廣泛使用的抗生素。

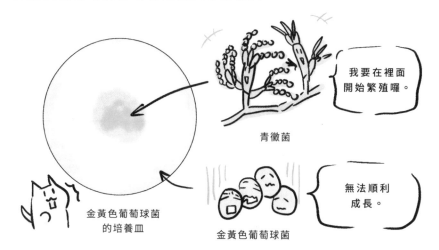

金黃色葡萄球菌的培養皿混入了青黴菌

青黴菌

我要在裡面
開始繁殖囉。

金黃色葡萄球菌
的培養皿

金黃色葡萄球菌

無法順利
成長。

青黴菌含有盤尼西林！

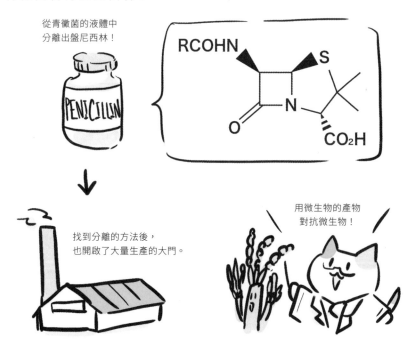

從青黴菌的液體中
分離出盤尼西林！

PENICILLIN

找到分離的方法後，
也開啟了大量生產的大門。

用微生物的產物
對抗微生物！

圖 1.4.1　因為青黴菌碰巧混入其中，促成世紀性的發現。

對抗傳染病的方式

對人類而言，細菌引發的傳染病是莫大的威脅。在17世紀，倫敦平均每7人就有1人，總計約7萬人死於傳染病。如果有藥物可以擊潰細菌，就算是這種傳染病也有辦法克服。

一切的開端，就是混入培養皿的青黴菌

佛萊明碰巧注意到金黃色葡萄球菌的培養皿混入了青黴菌。經過觀察之後，發現在青黴菌附近的金黃色葡萄球菌開始停止成長，**得知青黴菌製造出了阻礙金黃色葡萄球菌生長的物質**[5]。

佛萊明深入研究後，在培養青黴菌的液體中**找到擊潰細菌的物質，並取名為盤尼西林**。世界第一個抗生素，就是從細菌中誕生的。在這之後，發現盤尼西林對於白喉桿菌、腸球菌等細菌引發的傳染病能發揮強大療效[6]。然而，由於此時尚未成功分離盤尼西林，讓這個世紀性發現經歷了一段沒沒無聞的時期。

盤尼西林的二次發現

在12年後的1940年，錢恩和弗洛里終於**成功提煉出了盤尼西林**。於是盤尼西林開始可以大量生產，成為受到廣泛使用的抗生素。這就是盤尼西林的二次發現。

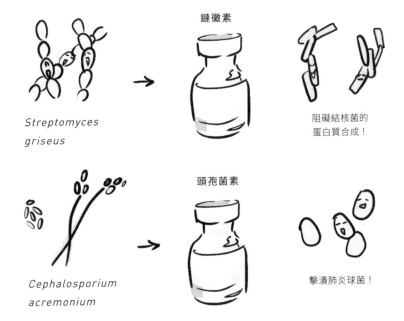

鏈黴素

Streptomyces griseus

阻礙結核菌的
蛋白質合成！

頭孢菌素

Cephalosporium acremonium

擊潰肺炎球菌！

圖 1.4.2　各式各樣的抗生素

　　目前一般使用的盤尼西林主要有兩種，分別是直接入口的口服型和注射型。盤尼西林至今依然廣泛地用來治療傳染病，守護著我們的健康。由於有細菌出現對抗抗生素的抗藥性，現在仍在設法研究對策。

　總整理

全球第一個抗生素「盤尼西林」，是在金黃色葡萄球菌的培養皿中偶然發現。經過分離、精煉之後，找到了大量生產的方式，廣泛地用來治療細菌引發的傳染病。

1.5 生命藍圖是什麼形狀？

揭曉 DNA 的形狀

得獎者

法蘭西斯·
哈里·
康普頓·
克里克

1916～
2004
英國

莫理士·
修·
弗雷得力克·
威爾金斯

1916～
2004
英國

詹姆斯·
杜威·
華生

1928～

美國

研究對象與概要

核酸的分子結構與生物體內的資訊傳遞 ｜ 1962 ｜ 基礎 ｜

從先行研究獲得的核酸成分分析結果以及新的X光影像，認為細胞中的核酸（去氧核醣核酸，簡稱 DNA）具有雙螺旋結構。這個結構也說明了細胞分裂時不可缺少的 DNA 複製。

可以決定生物特徵的物質

現今，我們都知道生物的遺傳資訊存在名叫DNA的物質裡。19世紀時，科學家孟德爾發現豌豆的顏色、形狀等特徵會遺傳到後代。然而，此時還不曉得這種可稱為**生命藍圖**，能決定顏色和形狀等特徵的物質長什麼模樣。

華生與克里克在1953年，根據DNA的成分分析結果以及威爾金斯等人拍攝的X光影像，提出了**DNA具有雙螺旋結構的假說**。大約在5年後，透過實驗證明了這項假說的正確性。

028

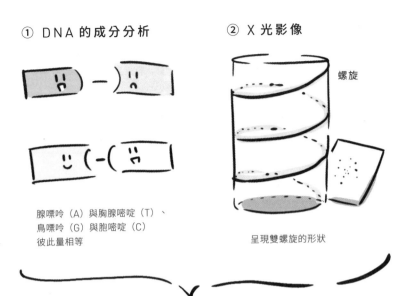

① DNA 的成分分析

② X 光影像

螺旋

腺嘌呤（A）與胸腺嘧啶（T）、
鳥嘌呤（G）與胞嘧啶（C）
彼此量相等

呈現雙螺旋的形狀

猜測 DNA 呈現雙螺旋的曲線

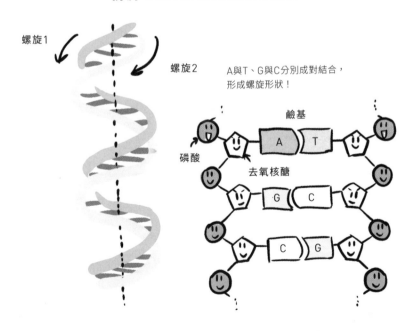

螺旋1

螺旋2

A與T、G與C分別成對結合，
形成螺旋形狀！

鹼基

磷酸

去氧核醣

圖 1.5.1　每個細胞內部都纏繞著這樣的螺旋

假說是正確的！

　　DNA由三個部分組成，分別為糖、磷酸、鹼基。其中鹼基又分成腺嘌呤、鳥嘌呤、胞嘧啶、胸腺嘧啶，總共4個種類，已知DNA中的各個鹼基分子數量會相同。[※7]。

將兩個事實組合在一起

　　與威爾斯金共同做研究的羅莎琳・富蘭克林**拍攝了X光影像，從中得知DNA呈現螺旋形狀的結構。**加上這個發現後，華生與克里克便提出DNA如圖1.5.1那樣具有雙螺旋構造的假說。

　　若這個假說為真，**即可說明細胞會在分裂、增殖的過程中複製基因**，因此眾人開始認同基因的真面目就是DNA。大約在5年後，成功透過實驗證明了DNA的確是利用雙螺旋結構來複製基因。

　● 還想知道更多！

背後的功臣 ── 羅莎琳・富蘭克林

關於這項發現，必須歸功於表現卓越的英國科學家羅莎琳・富蘭克林。雖然她得到了足以證明DNA有雙螺旋結構的證據，卻在獲得諾貝爾獎前病逝。

富蘭克林利用的方式就是X射線。她將DNA形成的纖維處理成結晶體，並用X射線拍攝出影像（X射線繞射照片）[※8]。這張名為Photo 51的影像，被稱為是「世界上最重要的X射線繞射照片」。

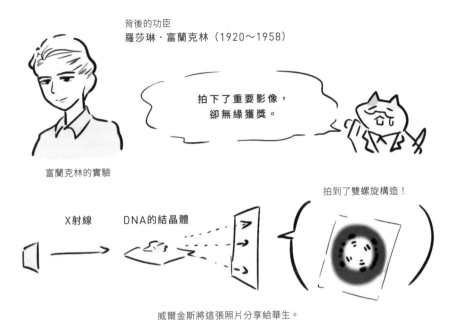

背後的功臣
羅莎琳・富蘭克林（1920～1958）

拍下了重要影像，
卻無緣獲獎。

富蘭克林的實驗

拍到了雙螺旋構造！

X射線　　DNA的結晶體

威爾金斯將這張照片分享給華生。

圖 1.5.2　羅莎琳・富蘭克林雖然帶來重要貢獻，可惜無緣獲獎。

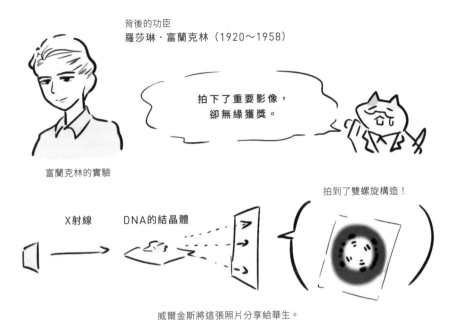

邁向新發現

　　了解DNA的分子結構後，便能解釋細胞在分裂過程會複製基因資訊，同時也發展出名叫分子生物學，從分子層面調查生物現象的研究領域[7]。

總整理

華森、克里克和威爾金斯發現生命藍圖的 DNA 為雙螺旋結構。DNA 的形狀解釋了基因資訊的複製，在生物學建立了新的領域。

釐 清 各 種 抗 體 的 製 造 機 制

| 得獎者 |

利根川進
1939 ～
日本

| 研究對象與概要 |

發現抗體多樣性的遺傳性原理
| 1987 | 基礎 |

研究體內消滅外來異物的蛋白質（抗體）。
以出生前的老鼠及成鼠作為研究對象，解
析製造抗體的基因。最後發現隨著年齡增
長，會以有限的基因進行排列組合，進而
產出各式各樣的抗體。

▎對付接連而來的威脅

我們的身體具有抵禦病原體和異物的機能，**當外來的病原體
或異物入侵體內時，名叫Ｂ細胞的免疫細胞就會產生抗體。**抗
體會讓異物互相連接或與異物結合，讓異物失去活性。我們能夠
保持健康，都是多虧了抗體的努力。

體外有著許多病原體和異物，但身體無法製造出應對所有狀
況的萬用抗體。利根川就發現了利用有限基因，產出多種抗體的
身體機制。研究產生抗體的Ｂ細胞相關基因後，得知原本分散的
基因經過重新排列，便能製造出多種抗體[9]、[10]、[11]。

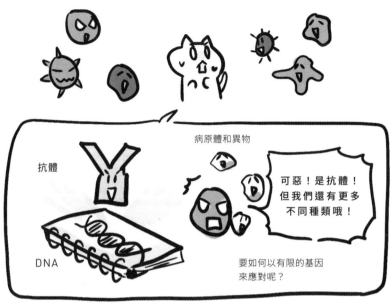

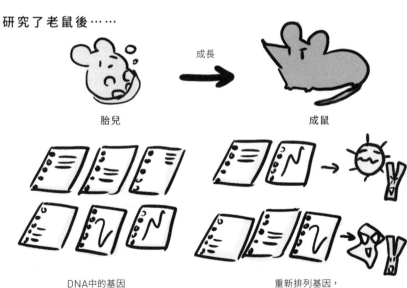

圖 1.6.1 對付多種病原體和異物的關鍵，就是不同的排列組合

量身打造的抗體

　　根據異物的種類，身體會量身打造出不同抗體。照理來說，有多少病原體，就需要多少製造抗體的基因。然而實際上，人類的基因數量大約只有2萬個。究竟該怎麼做，才能以有限的基因產出多種抗體呢。

▌組合手中的卡牌

　　利根川將研究焦點放在製造抗體的細胞來源「B細胞」。在B細胞的內部，就有作為抗體藍圖的DNA。將老鼠胎兒身上不成熟的B細胞DNA，對比成鼠的癌化B細胞DNA，會發現與製造抗體有關的基因在前者排列散亂，在後者則是緊密地連結在一起。

　　換句話說，老鼠在成長的過程中，與製造抗體有關的基因會重新排列組合。身體就是透過這種方式，以有限的基因製造出各式各樣的抗體。

⊶ 還想知道更多！

研究抗體的人們

抗體於 1901 年首次出現在諾貝爾獎上，當時是醫學家貝林發現抗體並獲獎。在 1.3 登場的蘭德施泰納也觀察到抗體是由身體量身打造，並且會與特定異物結合，讓他在 1930 年榮獲諾貝爾獎。

1960 年代時，愛德曼和波特成功證明了抗體的結構。對利根川的成就來說，事先了解抗體的結構是不可或缺的步驟。由此可知，過去的諾貝爾獎又會如此造就出新的獲獎成就。[12]

利根川的研究發表雖然超時30分鐘，
結束後仍掀起如雷掌聲。

在發表結束後，華生向他表示……

恭喜你了！
真是一場精采的發表。

主辦人
詹姆斯·
杜威·
華生

利根川

圖 1.6.2　查明 DNA 結構的華生也有參加利根川的研究發表

推動抗體基因的研究

　　到了現在，已經知道身體會依據基因的排列組合製造出數億種抗體。不管有什麼樣的異物入侵，想必抗體幾乎都有辦法搞定。這項研究成功解開了人體機制的部分謎團。

總整理

利根川聚焦在分化細胞製造抗體的 B 細胞，並發現該 DNA 會以不同組合產出多種抗體，讓人們對人體有更進一步的了解。

解 開 氣 味 偵 測 器 之 謎

得獎者

理查・艾克謝爾
1946～
美國

琳達・巴克
1947～
美國

研究對象與概要

**發現嗅覺受器
並解開嗅覺之謎**

| 2004 | 基礎 |

在製造嗅覺受器周邊細胞的基因中，找到
了組成嗅覺受器的基因。解開偵測氣味的
嗅覺受器是如何辨識眾多氣味，並將資訊
傳達至大腦的運作謎團。

嗅覺是比較晚才解開謎團的感官

在1960年後，有關聽覺、視覺的研究陸續獲得諾貝爾獎。
繼這些感官之後，艾克謝爾與巴克解開了嗅覺的運作謎團。他們
的研究團隊聚焦在傳達氣味資訊的細胞。在以老鼠為對象的實驗
中，找出了有關接收氣味分子的蛋白質「嗅覺受器」的基因，並
表明嗅覺受器大約有1000種。

後來發現這種基因在人體中約有910個，嗅覺受器則有500
種左右，因而得知老鼠和人類都是製造出多種偵測器，並**根據氣
味分子的大小和形狀來聞出不同氣味**[13]、[14]。

接收氣味分子的偵測器

氣味分子

嗅覺受器

嗅覺上皮

我們假設製造身體此部分的基因中，含有組成嗅覺受器的基因。

基因A　　基因B　　基因C　　基因★

DNA

在老鼠身上約有1000種！

嗅覺受器A　嗅覺受器B　嗅覺受器C　　嗅覺受器★

以不同組合來應對各種氣味

ABC　　BC　　C★

氣味1　　氣味2　　氣味3

圖 1.7.1　找出基因，進一步解開嗅覺受器的運作謎團

如何辨別氣味，傳達資訊至大腦？

我們的鼻子會透過表面的嗅覺受器，捕捉空氣中的氣味分子，接收相關資訊來偵測氣味。起初，大家都還搞不清楚嗅覺受器的基因藍圖與運作方式。

用偵測器來檢測氣味分子

艾克謝爾與巴克的研究團隊觀察了傳達氣味資訊的嗅覺上皮，從製造該細胞的基因中找到有關嗅覺受器的基因。後來發現這種基因在人體中約有910個，嗅覺受器則約500種。我們就是以不同偵測器**捕捉氣味分子的大小和形狀，藉此聞出各式各樣的氣味**。

不只如此，他們也查明了大腦如何辨識嗅覺受器偵測到的氣味。當氣味分子與嗅覺受器結合，對應不同氣味分子的嗅覺受器便會產生變化，向大腦傳送電訊號。傳送電訊號給大腦的神經細胞會依嗅覺受器的種類而異，**大腦就是根據傳來刺激的神經細胞來判斷是哪個嗅覺受器產生反應，得知自己聞到的是什麼氣味**。

還想知道更多！

古代學者對嗅覺有什麼想法？

古羅馬時代也有一位學者在探討嗅覺，就是哲學家盧克萊修。他表示氣味的來源有各式各樣的形狀和大小，所以才會出現不一樣的氣味[15]。

在過了大約 2000 年後，證實了我們的嗅覺確實會感應氣味來源的分子形狀、大小和結構。

可以在身體各處找到嗅覺受器

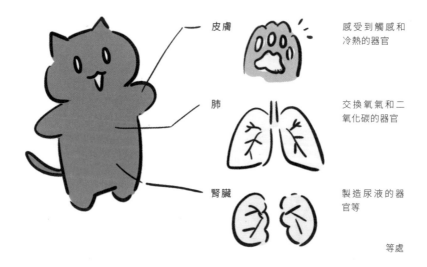

皮膚　感受到觸感和冷熱的器官

肺　交換氧氣和二氧化碳的器官

腎臟　製造尿液的器官等

等處

圖 1.7.2　嗅覺受器會出現在身體的各種地方

鼻子以外的嗅覺受器

　　除了鼻子以外，在皮膚、腎臟等器官也發現了嗅覺受器的身影，我們猜測嗅覺受器與復元傷口、調整血壓有關。現在甚至還在研究利用線蟲的嗅覺，及早發現癌症的蹤跡。嗅覺的研究有望增進我們對生命活動的了解，為醫療帶來貢獻。

總整理

艾克謝爾與巴克發現偵測氣味的嗅覺受器以及該基因藍圖，並查明嗅覺受器傳遞氣味資訊至大腦的方式。嗅覺的研究也推動了醫學和藥學的發展。

1.8 | 為罕見疾病帶來曙光！
倒轉細胞的時間？

發現 iPS 細胞

得獎者

山中伸彌
1962〜
日本

約翰・格登
1933〜
英國

研究對象與概要

發現將細胞還原到成熟前的方法
| 2012 | 基礎 |

發現能將逐漸成熟的細胞還原至初始狀態
的四個基因「山中因子」。利用老鼠的皮
膚細胞成功製造出可變成體內各種細胞的
iPS 細胞（人工多功能幹細胞），之後也
順利以人類細胞培養出 iPS 細胞。

重新取回失去的身體

　　構成我們身體的細胞，是受精卵反覆經過細胞分裂而形成
的。在這段過程中，**細胞會逐漸變化成眼睛的細胞、心臟的細
胞等等，開始各司其職。這就稱為細胞分化。**

　　1962年時，格登提出了分化後的細胞會繼續分化成其他各
種細胞的可能性。當山中把某種基因植入老鼠分化後的細胞後，
發現細胞會重新回到初始狀態。這個細胞被命名為iPS細胞，在
2007年成功用人體細胞穩定培養出iPS細胞[18]、[19]。

細胞分化

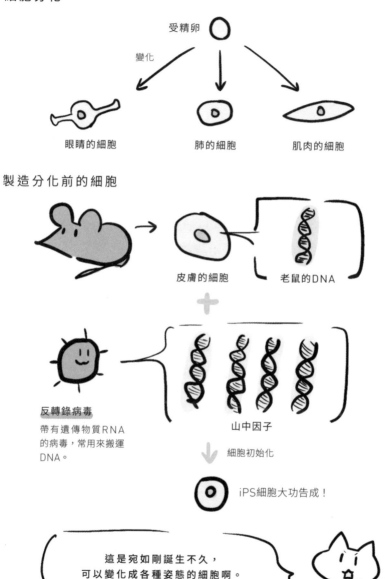

受精卵

變化

眼睛的細胞　　　　肺的細胞　　　　肌肉的細胞

製造分化前的細胞

皮膚的細胞　　　　老鼠的DNA

反轉錄病毒
帶有遺傳物質RNA
的病毒，常用來搬運
DNA。

山中因子

細胞初始化

iPS細胞大功告成！

這是宛如剛誕生不久，
可以變化成各種姿態的細胞啊。

圖 1.8.1　能分化成各種細胞的 iPS 細胞形成過程

ES 細胞的課題

在1981年，也就是山中發現iPS細胞的25年前時，已有科學家開發出了ES細胞（胚胎幹細胞）。ES細胞也可以分化成除了胎盤以外的任何細胞。但在這段過程中必須破壞受精卵，導致移植ES細胞時可能會讓身體免疫系統產生排斥，成為需要克服的課題

成功讓細胞還原到初始狀態

1962年時，格登利用青蛙的細胞，發現分化後的細胞中，仍保有讓細胞繼續分化成各種組織的基因資訊。即使從未分化的卵細胞內部取出細胞核，改放入分化成小腸細胞的細胞核，最後仍能順利成長為蝌蚪[20]。

山中把人稱**「山中因子」的4個基因——**Oct3/4、Sox2、Klf4、c-Myc**植入名叫反轉錄病毒的病毒中。他運用這個病毒將山中因子送入老鼠的DNA裡**，並在2006年與2007年，分別以老鼠細胞和人類細胞成功培養出iPS細胞。

✂ 還想知道更多！

山中因子是什麼樣的基因？

山中因子並非是為了 iPS 細胞而製造，而是原本就活動在細胞中。其中的 Oct3/4，就是一種被稱為轉錄因子的基因。

細胞內部會複製（轉錄）DNA 裡的基因，製造出名叫 RNA 的蛋白質。轉錄因子會附著在基因複製的起始點，並安排酵素在正確的地方進行轉錄。

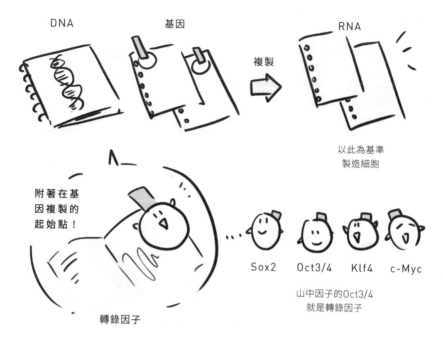

圖 1.8.2　山中因子的 Oct3/4 即為轉錄因子

可以自由變化的細胞

　　在 2014 年進行了全球第一場臨床研究，研究人員利用患者的細胞製造出 iPS 細胞，分化成視網膜的細胞並移植到眼睛裡。為了研發新的療法和藥品，iPS 細胞的研究仍持續發展中。

> **總整理**
>
> 格登提出分化後的細胞能繼續分化成多種細胞的可能性，山中則是實際培養出了 iPS 細胞。為了研發罕見疾病的療法和新藥，iPS 細胞的研究正在持續發展中。

發現 C 型肝炎病毒

得獎者

哈維・
阿爾特

1935～
美國

麥可・
霍頓

1949～
英國

查爾斯・
萊斯

1952～
美國

研究對象與概要

發現 C 型肝炎病毒 | 2020 | 實用 |

查明引發不明肝炎的病原體就是病毒，並發現新型病毒的 C 型肝炎病毒。找出 C 型肝炎
病毒增殖時所需的蛋白質，並推動了血液檢查和開發新藥。

對抗不明肝炎

　　肝炎是肝臟發炎的疾病。在1970年代為止，已經檢查得到A
型與B型的肝炎病毒，但是當時卻有**接受輸血的人罹患了病原體
不明的肝炎**[22]、[23]。

　　2020年的諾貝爾獎得主，就是找到了引發這種不明肝炎的C
型肝炎病毒。阿爾特先查出病原體具有病毒特徵，之後霍頓**透過
病毒的DNA片段判斷為C型肝炎病毒**，萊斯則找到C型肝炎病毒
增殖所需的蛋白質，為抗病毒藥物的開發帶來了貢獻。

原因不明的肝炎

A型肝炎

B型肝炎

原因不明

肝臟發炎

接受輸血的人
出現症狀

找到病原體

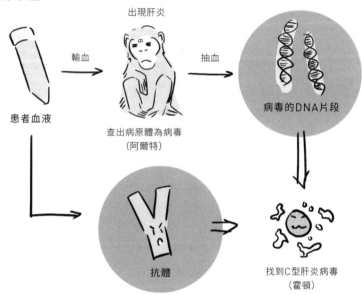

出現肝炎

患者血液

輸血

查出病原體為病毒
（阿爾特）

抽血

病毒的DNA片段

抗體

找到C型肝炎病毒
（霍頓）

為抗病毒藥物帶來貢獻

找到病毒增殖所需的蛋白質
（萊斯）

用藥物隔絕

C型肝炎病毒

無法增殖了！

圖 1.9.1　發現 C 型肝炎病毒與開發抗病毒藥物

血液裡好像有什麼東西

　　既非A型肝炎，也非B型肝炎的話，便可推測因輸血罹患肝炎的患者血液含有某種病原體。但在研究當時，甚至連是不是病毒都還不曉得。。

找到病毒，克服 C 型肝炎

　　阿爾特察覺到猩猩會經由患者的血液感染肝炎，便發現病原體具有病毒的特徵。接下來，霍頓從感染肝炎的猩猩血液中取得DNA片段，再從患者的血液中收集擊潰病毒的抗體。**最後就是透過這些DNA片段和抗體，找到了C型肝炎病毒。**

　　但即使讓猩猩接種C型肝炎病毒，猩猩也沒有罹患肝炎。於是萊斯便查出C型肝炎病毒感染肝臟細胞時需要的蛋白質，**並成功抑制病毒增殖。**這項發現也進而推動了抗病毒藥物的開發。

拯救人命的研究

　　到了1990年代，開始會檢查輸血用的血液是否含有C型肝炎病毒，大幅降低了新患者的數量。而且有了抗病毒藥物，讓95％的C型肝炎患者都能完全康復[24]。

成為全球課題的 C 型肝炎

全球有5800萬人
是慢性C型肝炎患者。

每年會出現
150萬名新患者。

依靠抗病毒藥物,
95%以上的患者都能痊癒。

全球各地都有肝炎患者。

看來這個研究成就
拯救了許多人啊。

圖 1.9.2　一項拯救人命的世界級研究

　　肝炎患者遍布全球各個角落。2016年時,世界衛生組織提出「2016-2021年全球衛生部門病毒性肝炎策略」,以撲滅病毒性肝炎為目標[25]。在我們對抗肝炎時,阿爾特等人的研究成果就成為了一劑強心針。

總整理

阿爾特等人查出不明肝炎是來自名叫 C 型肝炎病毒的新型病毒,並發現該病毒增殖時所需的蛋白質。他們為開發抗 C 型肝炎新藥帶來了貢獻,成功減少 C 型肝炎患者,守護了大眾的健康。

iPS 細胞的「i」

　　為 iPS 細胞取名的人，就是率領研究團隊的山中伸彌。iPS 是誘導性多功能幹細胞，Induced pluripotent stem cell 的簡稱。其中小寫的「i」，是以蘋果公司的全球人氣產品 iPod 為靈感。在這個名字中，蘊含了山中希望 iPS 細胞能如 iPod 一樣普及的期許。

不只是探討生命機制的
生理醫學獎

　　生理學和醫學主要是在探討生物或人體是如何構成，研究內部運作方式的學問。不過，只要觀察一下歷屆的諾貝爾生理醫學獎，就能明白那些研究成就並非只是單純在闡明生命的機制。

　　例如在 2003 年獲獎的核磁共振技術，以及在 1.1 登場的高爾基染色法，都是有關疾病或組織的視覺化技術和手法。有了能夠觀察或調查生物體的方法，不只可以增進對於生命的了解，還能透過技術來拯救許多人的性命。這就是醫學和生理學所追求的目標之一。

第 **2** 章

諾 貝 爾 物 理 學 獎

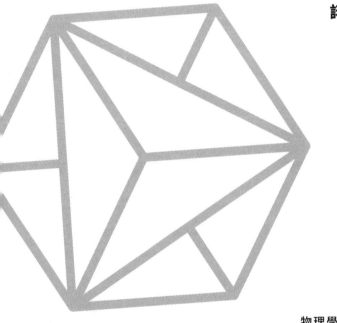

物理學屬於自然科學的領域，
主要透過實驗和理論
來解開自然現象的謎團。
得獎者究竟是如何發現並查出
這些前人不懂的現象和原理呢？

發現 X 射線

得獎者	研究對象與概要

威廉·
康拉德·
倫琴

1845～1923
德國

發現 X 射線

| 1901 | 基礎 |

在使用陰極射線管觀察真空放電現象的實驗中，發現有光線可以穿透覆蓋在陰極射線管上的遮罩，讓感光板產生反應。這種光線被證實能拍下顯現物體內部的透視照片，並被命名為 X 射線。

用來拍攝 X 光片的光

1901年是首屆諾貝爾獎的年份。這個值得紀念的第1屆物理學獎，就頒給了發現X射線的倫琴。在學校或醫院做健康檢查時拍的「X光片」，日文發音就來自倫琴的名字。因為是用X射線拍攝的照片，名字就叫做X光片。

其實X射線的發現，是出於偶然的產物。X射線雖然是一種光，人類卻無法用肉眼看到。倫琴究竟是如何發現這種用肉眼看不見的光呢？一切的開端，就來自**使用了陰極射線的研究。陰極射線是當電子穿過真空或稀有氣體時，會出現的一種射線。**而X射線，就在這時候碰巧被發現了。

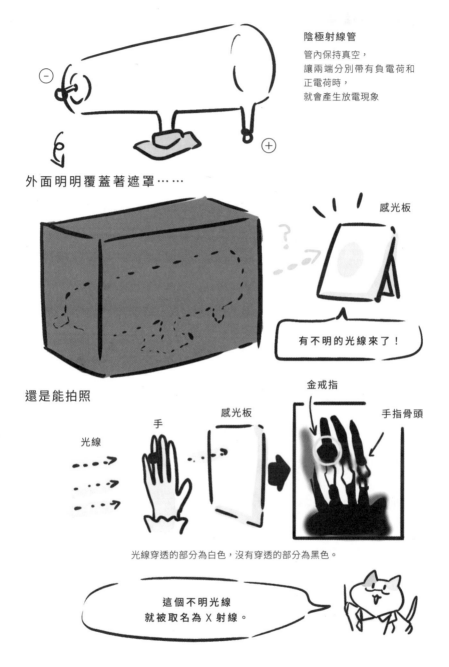

陰極射線管
管內保持真空，
讓兩端分別帶有負電荷和
正電荷時，
就會產生放電現象

外面明明覆蓋著遮罩……

感光板

有不明的光線來了！

還是能拍照

光線　　　手　　　感光板　　　金戒指　　　手指骨頭

光線穿透的部分為白色，沒有穿透的部分為黑色。

這個不明光線
就被取名為 X 射線。

圖 2.1.1　發現 X 射線的實驗。發現用 X 射線也能拍照

觸角廣泛的倫琴

原本倫琴主要鑽研有關熱的物理學，同時對晶體、流體等領域也有涉獵。之後到1895年，他也開始研究陰極射線。

本該不會發光的地方

在玻璃管內部填滿稀有氣體，接著讓玻璃管內的金屬板帶電。在這個時候，金屬板之間會有電子流過。這個電子流就是陰極射線。倫琴在研究中，用紙板包覆產生陰極射線的裝置，遮住陰極射線和裝置釋放的光。就在此時，**他發現剛好擺在附近的感光板竟然發出了螢光**[※1、※2]。

於是倫琴便猜測有光穿透紙板，照射到感光板上。他嘗試改變包覆裝置的遮罩種類後，發現這種光能穿透各式各樣的物體，**可以用來拍出顯現物體內部的透視照片**。倫琴推測發出螢光的地方釋放了這種不明光線，並將該光線取名為X射線[※2、※3]。

帶來全新曙光的發現

X射線的發現成為了大新聞。倫琴是在1895年發表論文，並在接下來的2年期間發表了1000多篇有關X射線的論文[※2]。其他對X射線感興趣的科學家們又繼續深入研究。而X射線與倫琴拍攝的照片一同受到全球報導，獲得了廣大的關注。

X 射線使用範例

鋼筋等結構

X光片 　　　檢查建築物的結構 　　　機場的安全檢查

裡面有含
鐵（Fe）

分析元素 　　　分析晶體結構 　　　分析分子結構

圖 2.1.2 　X 射線的使用範例

　　由於X射線不用傷及人體或物體，就可以拍攝到其內部照
片，為現今的醫療、工程、安全檢查等方面帶來很大的幫助。此
外，還可以用來分析實驗樣本含有的元素、調查晶體或分子的結
構等等，成為用途廣泛的科學研究工具。

總整理

倫琴在陰極射線的研究中碰巧發現不明光線，並取名為 X 射線。在這項發
現後，有關 X 射線的研究開始有了進展。X 射線能穿透各式各樣的物體，
不用進行破壞就能觀察其內部或結構。

發現放射線

安東尼·
亨利·
貝克勒

1852～
1908
法國

瑪麗·
斯克沃多夫
斯卡·
居禮

1867～
1934
法國

皮耶·
居禮

1859～
1906
法國

研究對象與概要

發現天然放射性元素 | 1903 | 基礎 |

使用含有鈾（U）並散發螢光的天然礦石做實驗，觀察到礦石沒有發出螢光時仍會釋放某種光線，便發現了放射線的存在，並取名為貝克勒射線。另外也發現了會釋放放射線的元素，這種會釋出放射線的性質則被取名為放射性。

X 射線的發現衍伸出新的假想

在科學研究中，常常只要一發現新的現象，就會冒出新的假說和推測。1895年時，在倫琴發現X射線之後，眾多科學家立刻關注起這個不明的光。其中一位對X射線感興趣的科學家，就是身兼數學家和物理學家的科學哲學家龐加萊。

倫琴表示「發出螢光的部分會釋放X射線」，龐加萊在1896年[4]、[5]便根據這個結論，**推測「散發螢光或磷光的物質可能會釋放X射線」**。當時貝克勒以這個推測為基準，認為發出磷光的礦石會釋出X射線。

貝克勒的實驗

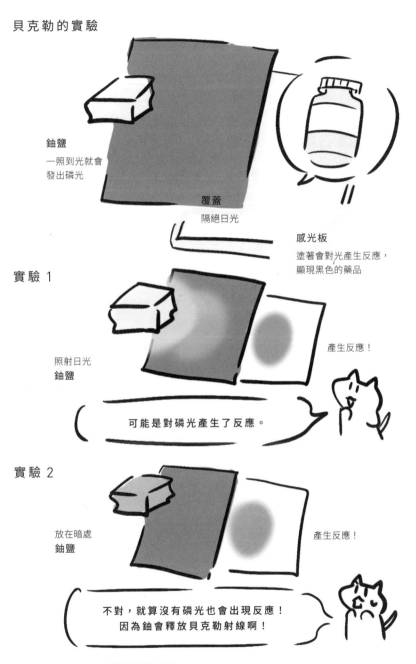

鈾鹽
一照到光就會
發出磷光

覆蓋

隔絕日光

感光板
塗著會對光產生反應，
顯現黑色的藥品

實驗 1

照射日光
鈾鹽

產生反應！

可能是對磷光產生了反應。

實驗 2

放在暗處
鈾鹽

產生反應！

不對，就算沒有磷光也會出現反應！
因為鈾會釋放貝克勒射線啊！

圖 2.2.1　發現貝克勒射線的實驗

龐加萊與貝克勒

在1896年時[5]，貝克勒是龐加萊的同事。他在科學院例會上聽了龐加萊的發表，並參與了討論。

在天然礦石中發現蹤跡

貝克勒的父親是個物理學家，他從父親那裡收下一種名叫鈾鹽的礦石[6]。這種礦石以照射到日光後，會發出藍色磷光而聞名。貝克勒用紙包裹礦石並放在感光板上，觀察在隔絕光線的情況下會出現什麼現象。

這個實驗準備了兩個條件。一個是用紙包裹住礦石後放在日光下，另一個則是把礦石放在照不到日光的抽屜裡。最後發現不管是哪個條件，感光板都會出現反應[5]。換句話說，**即使鈾鹽沒有因為日光而發出磷光，還是會釋放某種會讓感光板產生反應的東西。**這個「某種東西」就是放射線。

釋放的來源就是元素

這個被發現的放射線，以發現者的名字取名為貝克勒射線。當時尚未弄清楚放射線的性質，貝克勒則是猜測放射線與實驗中含有鈾（U）的礦石有關。到了現在，我們已經知道鈾確實是會釋放放射線的天然放射性元素。

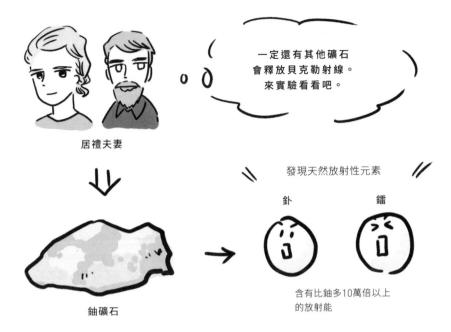

一定還有其他礦石會釋放貝克勒射線。來實驗看看吧。

居禮夫妻

發現天然放射性元素

釙　　鐳

鈾礦石

含有比鈾多10萬倍以上的放射能

圖 2.2.2　由居禮夫婦發現，並創造了放射性一詞

　　之後，皮耶·居禮和瑪麗·居禮開始致力研究放射線。**他們發現釙和鐳也會釋放放射線**[※7]，**並將釋放放射線的性質取名為放射性**。到了現在，放射線被運用在核能發電、治療癌症等用途。

> **總整理**
>
> 在倫琴發現 X 射線之後，貝克勒透過實驗證實了天然礦石的鈾化合物會釋放出放射線。接著居禮夫妻注意到除了鈾之外，還有其他具有放射性的元素。到了現在，放射線被拿來用在發電、醫療等用途上。

光電效應定律與光量子假說

| 得獎者 | 研究對象與概要 |

阿爾伯特·
愛因斯坦
1879～1955
德國

發現光電效應定律
| 1921 | 基礎 |

發現當光照射金屬時，金屬會釋出電子的光電效應定律，並根據這個定律提出光量子假說，認為光是一種具有能量的粒子（光量子）。這項假說也展現在物理學中思考「量子概念的存在」的實用性。

▌光是波動？還是粒子？

1905年被稱為「奇蹟年」。因為愛因斯坦在這一年發表了5項對物理學來說相當重要的成就。其中一項就是榮獲諾貝爾獎，有關光量子假說的論文[※8]。

17世紀[※9]之後，物理學的世界不停在爭論「光究竟是波動還是粒子」。愛因斯坦研究了當光照射金屬時會釋出電子的**光電效應**定律，並**發表了光量子假說**，認為光是具有能量的粒子（光量子）。

光電效應的過程

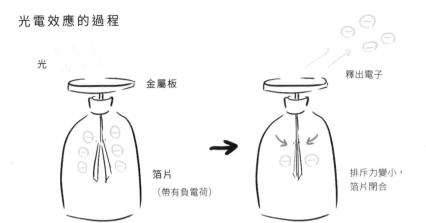

光
金屬板
釋出電子
箔片
（帶有負電荷）
排斥力變小，
箔片閉合
金箔驗電器

假設光是粒子（光量子）……

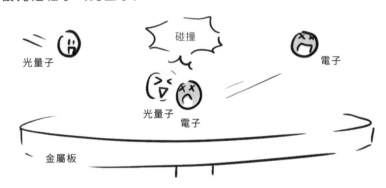

碰撞
光量子
電子
光量子
電子
金屬板

實驗結果：釋出的電子動能會依光的頻率而定
→ 成功解釋光量子的存在

光量子
碰撞帶來動能
電子
帶有動能 $h\nu$
定數　光的頻率
動能就是光量子原本的能量
⇨依光的頻率而定

圖 2.3.1　愛因斯坦說明了光的粒子性質

改變照射的光後……

使用金屬板和電流計組成的裝置（圖2.3.2），便可觀察到光電效應。**事先讓金屬板帶電，再將光照射到這個金屬板上。**電流是電子的流動，所以只要觀察電流計，即可看出金屬板有沒有釋出電子。

從這個實驗可得知：釋出的電子動能會根據光的頻率改變，以及釋出電子時的最小頻率會依物質而定；光的強度越大，釋出的電子量就會增加，但是電子的最大動能不會改變；受光照射與釋出電子之間，兩者幾乎不會有時間落差。

光是具有能量的粒子

於是愛因斯坦便猜想：**光是具有能量的粒子，其動能與頻率為正比。**這就是光量子假說。透過光量子假說，**就能成功說明光電效應的定律。**

● 還想知道更多！

愛因斯坦的「奇蹟年」[8]

愛因斯坦在奇蹟年發表的論文中，有三篇論文特別有名。第一篇是本節介紹的光電效應和光量子假說，第二篇就是特殊相對論。特殊相對論是與光、時間、空間有關的理論，以公式「$E = mc^2$」說明能量與質量之間的關係。另外第三篇則是布朗運動，是氣體或液體中約 10 萬～ 1000 萬分之 1 cm 粒子產生的不規則運動。

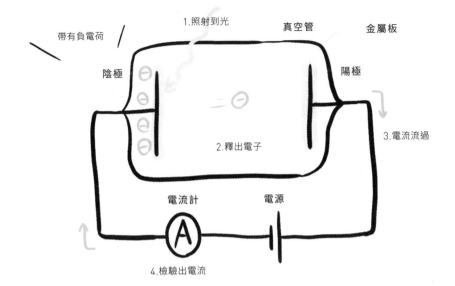

圖 2.3.2　實驗裝置的構造。用光照射金屬板並測量電流。[10]

「量子」有了更廣泛的運用方式！

　　光量子假說的「量子」，是19世紀末[11]研究物體釋放電磁波時出現的概念。除了光之外，**愛因斯坦還將量子的概念運用在固體內部的原子和分子振動，解決了理論上的問題，也在物理學界開創了以量子為基礎的量子力學**

> **總整理**
>
> 愛因斯坦發現光電效應定律，並提出光量子假說，認為光是具有能量的粒子。另外也將量子的概念應用在各式各樣的問題上，為量子力學的發展奠定基礎。

薛丁格的波動方程式

埃爾溫·
薛丁格

1887～1961
奧地利

保羅·埃德里安·
莫里斯·狄拉克

1902～1984
英國

研究對象與概要

發現新的原子理論

| 1933 | 基礎 |

在薛丁格的波動方程式中，描述了氫原子內部的電子活動。尤其是跳脫了「電子會繞著原子核轉」的過去概念，認為電子位於原子核周圍的某處，並以方程式計算在某個位置觀測到電子的機率。

原子和電子是什麼模樣呢？

現在就來關注一下原子和電子的微小世界吧。**試圖解析大約1億分之1m的微觀尺度現象，這在物理學上就稱為量子力學。**在量子力學發展的20世紀初期，當時還尚未明瞭原子的結構。

薛丁格認為原子內部的電子具有波動性質，**並以薛丁格的波動方程式來描述電子的波動。**在古典力學的領域，能透過方程式來預測物體會出現在何時何處。然而換成量子力學，竟然沒有人能在實際觀測之前就知道電子的位置。利用波動方程式後，便可以計算出在某處觀測到電子的機率。

過去的原子概念

拉塞福的原子模型

根據電磁學的理論……

原子核

電子

電子不停繞著原子核轉

電子會靠近原子核，
變得無法轉動

薛丁格的波動方程式

10%

5%

0.1%

50%

無法在觀測之前
就知道電子的位置

利用方程式
計算出在某處
觀測到電子的機率

是這樣的算式

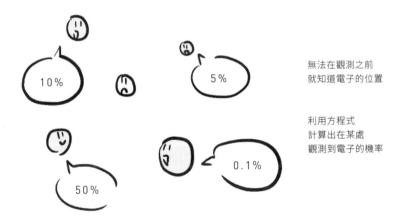

$$-\frac{\hbar^2}{2m}\frac{d^2\phi(x)}{dx^2} + V(x)\phi(x) = E\phi(x)$$

電子會受到的環境影響
（位能）

有關電子存在於
x位置機率的函數

※處於一維空間、恆定狀態的情況下。

圖 2.4.1　因為波動方程式的出現，讓原子的印象有了大幅轉變

其實電子不會繞著原子核轉？

　　1911年，出現了原子內部的電子會不停繞著原子核轉的假說。然而根據馬克士威在1800年代奠定的電磁學，電子會在繞著原子核轉的過程中失去動能，不可能持續轉個不停。

將電子視為波動

　　1923年，物理學家德布羅意提出了電子具有波動性的假說。薛丁格從這個假說獲得啟發，在1925年至1926年的期間，完成了**描述波動的方程式——薛丁格波動方程式。**於是原子內部的電子被視為波動，出現了新的原子理論。

　　薛丁格波動方程式的量子力學稱為波動力學，狄拉克等人認為波動力學與物理學家海森堡建立的矩陣力學為等價形式[12]。**由此顯示波動力學的思維，與其他理論相互吻合。**

邁向更寬廣的世界

　　將時間倒轉至20多年前的1905年，當時愛因斯坦完成了有關時間與空間的特殊相對論。**狄拉克在1928年時，提出了符合特殊相對論的波動方程式——狄拉克方程式。**

※改動了部分的實驗內容

放射性元素

葡萄酒瓶

貓

在進行觀測前，
並不曉得放射性元素
是否衰變。
→
若放射性元素衰變，
葡萄酒瓶就會破掉。
→
在打開箱子前，
無法知道貓是否喝醉？

這個想像實驗的範例，
是專門用來解釋量子力學的難解之處。

圖 2.4.2　量子力學的知名想像實驗——薛丁格的貓[13]

　　在現在的量子力學中，薛丁格方程式和狄拉克方程式都是不可或缺的方程式。它們是在原子和量子的研究領域，還有開發金屬材料和量子電腦時的重要基石。

總整理

薛丁格發明了可以描述電子為波動的方程式，根據波動力學奠定了新的原子概念。狄拉克認為薛丁格的方程式與矩陣力學沒有衝突，甚至整合出了符合特殊相對論的形式。這兩項發現便成為現今的量子力學基石。

推 測 介 子 的 存 在

得獎者	研究對象與概要

湯川秀樹
1907 ～ 1981
日本

**推測介子的存在，
為核力研究打下基礎**
| 1949 | 基礎 |

在質子與中子之間會產生核力，推測有一種粒子為此作用力的媒介。該粒子被命名為介子，並實際觀察到其存在。這項研究呈現的思考方式，在未來成為了粒子物理學的思維範例。

原子核是如何形成的呢？

　　現在就來思考一下構築這個世界的微小粒子吧。組成各種物質的粒子，即原子，是由原子核與外圍的電子構成。原子核則是由帶正電的質子與不帶電的中子所形成。**那麼，質子和中子是如何結合成原子核呢？**

　　推論出這個謎底的人就是湯川秀樹。湯川認為質子與中子之間有一股名叫「核力」的力量，**當質子和中子透過某種粒子產生作用時，核力就會開始進行運作。**這邊提到的某種粒子，之後就被命名為介子。

原子核是如何形成？

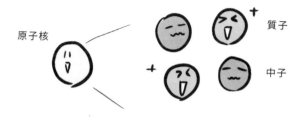

原子核

質子

中子

帶正電的粒子與不帶電的粒子
要如何結合呢？

連結質子與中子的核力

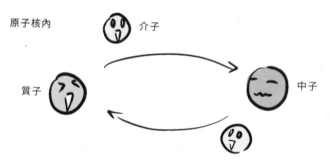

原子核內

介子

質子

中子

因為有介子作為媒介，
質子與中子才會連結在一起

關於「介子」的名稱由來

電子

介子

質子

好像是因為介子的質量，
就介於電子和質子之間
的樣子哦。

圖 2.5.1　以電磁力的結構為基礎來探討核力的運作

質子與中子的傳接球

　　帶電粒子之間會產生電磁力，現在已知有一種粒子是電磁力的媒介，該粒子即為光子。湯川認為**質子與中子會透過像是傳接粒子的方式傳遞作用力，讓彼此相互吸引**[14]。

　　此外，他也提出質子與中子結合的作用力大小，可能與粒子質量有關的假說，並將該粒子命名為Meson。該粒子質量為電子的200倍，正好介於電子與質子之間，於是Meson就被稱**為介子**[15]、[16]。

發現介子

　　1947年有位名叫鮑威爾的英國物理學者，他在山頂觀測來自宇宙的放射線，並在其中發現了**湯川推測的介子衰變**。之後，也證實了多種介子的存在。

　　湯川以這項研究提出的思維，在後來的粒子物理學中經常受到應用。湯川的成就不只推測了某種粒子的存在，**也為粒子物理學的發展帶來了貢獻。**

π介子

μ介子

1947年，鮑威爾發現質子高速撞上原子核時
會產生π介子。

1937年，安德森發現π介子衰變時，
就會產生μ介子。

核力的媒介是 π 介子才對哦。
似乎是後來才知道 μ 介子並不是介子的樣子。

圖 2.5.2　過去的人們以為介子分成 π 介子和 μ 介子

╱● 還想知道更多！

盼望和平的科學家們

湯川解開了組成原子核的力量——核力的部分結構。核力十分強大，而且
原子核衰變時會釋放出莫大能量，人類便以各種形式在應用這股力量。湯
川曾參與由科學家主導，反對核武和戰爭的國際會議「帕格沃什會議」。
帕格沃什會議則在 1995 年獲得了諾貝爾和平獎 [17]。

總整理

物質傳接光子以傳遞電磁力，這個現象就帶給了湯川靈感。核力是結合質
子和中子的力量，他預測有一種粒子是核力的媒介。這項研究也促進了後
世的粒子物理學發展。

完成重整化理論

得獎者

朝永振一郎

1906〜
1979
日本

朱利安·
施溫格

1918〜
1994
美國

理查·
費曼

1918〜
1988
美國

研究對象與概要

以量子電動力學的基礎研究為本，為粒子物理學帶來的貢獻 | 1965 | 基礎 |

為橫跨量子力學與電磁學的量子電動力學建立了表述方式，並完成「重整化理論」。這是將方程式中的電子質量置換為實際測量的電子質量，藉此解決電子質量變成無窮大的方法。

█ 解決無窮大的處方籤

狄拉克方程式發表1年後，在1929年[18]出現了名叫「量子電動力學」的研究領域，是以量子力學的視角來探討電子、電力和磁力之間的關係。這個領域的創始人，就是物理學家海森堡和鮑威爾。這領域過去有個十分巨大的課題，那就是進行計算時，光子持有的能量和電子的質量**會趨於無窮大**。

於是朝永等人開發了一種解決這項矛盾的計算方式，也就是**把電子的質量和電荷置換為實際測量的數值**。這個理論就稱為**重整化理論**。

關於量子電動力學

利用量子力學研究電子、電力和磁力之間的關係

電子質量會是無窮大的問題

在量子力學誕生以前就存在的問題

電子的電荷
大略的能量 $\dfrac{e^2}{l}$
電子的大小

人家的大小是零

$\rightarrow = \dfrac{e^2}{0} = \infty$

以重整化理論來解決

電荷和質量 $=$ 原本假設的
電荷和質量 $+ \infty$

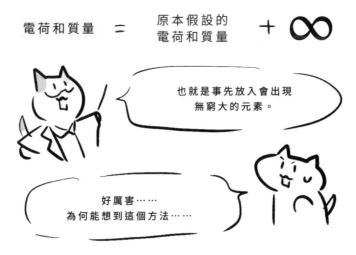

也就是事先放入會出現
無窮大的元素。

好厲害……
為何能想到這個方法……

圖 2.6.1　重整化理論的印象

重點在於究竟能不能重整化？

　　在量子力學誕生以前，就已經出現了電子質量和電荷會是無窮大的不合理問題。在量子力學中，這個問題依舊以其他形式留了下來。海森堡認為這可以透過物理學來解決，而朝永正是海森堡的學生[19]。

　　1930年，朝永提出了重整化理論，但此時還是發生了問題。因為若要套用這個理論，**必須先判斷能不能進行重整化**[20]；為了做判斷，**必須先奠定量子電動力學的系統，以免與特殊相對論產生矛盾**。

成為粒子物理學的基石

　　在朝永與施溫格進行研究的同時，費曼則透過費曼圖為量子電動力學建立了表述方式。之後證實了這兩種表述互為等價，且運用費曼圖**有助於重整化的計算**[21]。

　　粒子物理學是在探討量子之一的基本粒子，重整化理論也在其中留下了重要足跡。**基本粒子理論曾一度發展成實用性的理論指標，用來判斷重整化的可行性**[22]、[23]。

電子之間的作用力

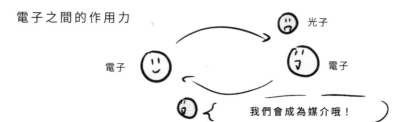

在費曼圖中是這個模樣

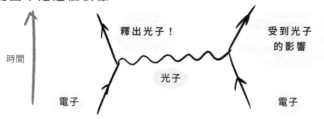

圖 2.6.2　費曼圖能直覺性地表述量子電動力學

還想知道更多！

埋首於物理和數學的施溫格

同為得獎者的施溫格，從年輕時就致力鑽研物理和數學。他甚至在 16 歲的時候，就寫了諾貝爾獎研究領域的量子電動力學論文，同時也是他人生中的第一篇論文。

施溫格進入大學後，還是只顧著研究物理和數學，差一點就遭到退學。最後因為有恩師拉比的協助，才讓他順利畢業。在施溫格的墓碑上，就刻了量子電動力學的重要公式。

總整理

朝永振一郎、施溫格和費曼以量子力學的觀點，系統性地表述了電子、電力和磁力之間的關係，並以重整化理論解決了計算上的問題。現在重整化理論已成了粒子物理學的重要指標。

發 現 宇 宙 微 波 背 景 輻 射

得獎者

阿諾・艾倫・
彭齊亞斯
1933〜
美國

羅伯特・伍德羅・
威爾遜
1936〜
美國

研究對象與概要

**發現大霹靂的殘跡——
宇宙微波背景輻射**

｜ 1978 ｜ 基礎

實驗室的觀測天線捕捉到某種電磁波，經過分析後發現了宇宙微波背景輻射。宇宙微波背景輻射是大霹靂之後，布滿在宇宙的粒子經過凝聚，使光可以直線前進時殘留下的光。

來自 138 億年前的訊息

我們現在身處的宇宙大約是在138億年前誕生，據說一開始是由粒子組成的高溫火球，同時也是大霹靂的起源。宇宙在急速膨脹的過程中，也開始逐漸冷卻下來。接著粒子開始聚集，形成質子、中子和原子。大約在37萬年之後，光線才終於變得可以直線前進。這就是**宇宙的復合時期**。

彭齊亞斯與威爾遜在1965年，發現復合時期布滿宇宙的電磁波「宇宙微波背景輻射」。這種電磁波會從宇宙的四面八方而來，證明了當時還是假說的大霹靂。

什麼是宇宙微波背景輻射？

從宇宙四面八方而來的光

NASA探測機捕捉到的宇宙微波背景輻射（轉換成黑白圖片）
©NASA/WMAP **Science Team**

宇宙在急速膨脹的過程中逐漸冷卻

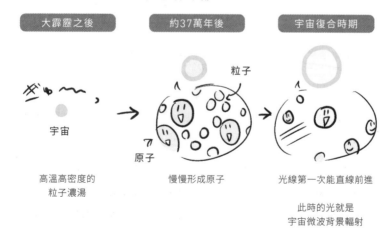

| 大霹靂之後 | 約37萬年後 | 宇宙復合時期 |

粒子

宇宙

原子

高溫高密度的
粒子濃湯

慢慢形成原子

光線第一次能直線前進

此時的光就是
宇宙微波背景輻射

圖 2.7.1　宇宙微波背景輻射被稱為是大霹靂的殘跡 [24]

起因是干擾觀測的強大雜音

1948年時，物理學家喬治・加莫夫推測「大霹靂應該有電波殘留」[※25]。在17年後，彭齊亞斯和威爾遜的發現就成功證實了這個推測。

兩人在測試實驗室的天線時，查覺天線偵測到了某種雜音。這個雜音十分強大，聽起來似乎來自四面八方。經過調查後，發現這與絕對溫度2.7K（攝氏-270.45℃）的物體釋出的電磁波（黑體輻射）相同。**根據雜音的強度，推測是原本超高溫又超高密度的宇宙在冷卻時釋放的電磁波**[※26]。

宇宙微波背景輻射的真面目

威爾遜和彭齊亞斯向物理學家羅伯特・亨利・迪克報告了這個觀測結果。**迪克便在1965年，證實了宇宙微波背景輻射就是大霹靂殘留的光。**

還想知道更多！

另一位得獎者 —— 卡畢察

1978年的諾貝爾物理學獎共有3人獲獎，第三人就是當時為蘇聯籍的物理學家彼得・卡畢察。他是因為在低溫物理學上有了基礎性的發明與發現而獲獎。

卡畢察成功大量生產冷卻物體時所需的液態氦，並發現液態氦在極低溫下會出現超流體的現象。另外他從1955年開始，也參與指導了史普尼克人造衛星的發射[※27]。

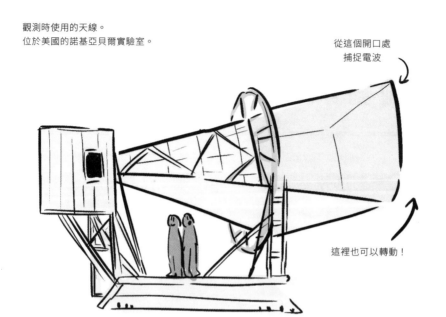

觀測時使用的天線。
位於美國的諾基亞貝爾實驗室。

從這個開口處
捕捉電波

這裡也可以轉動！

圖 2.7.2　捕捉到宇宙微波背景輻射的天線

因為觀測到宇宙微波背景輻射，讓我們獲得了更多有關宇宙的資訊。 繼續進行精密觀測後，不但得知了宇宙的年齡，也明白宇宙中的物質是平均分布在各個方位。甚至發現了目前尚未成功觀測到，具有神秘巨大質量「暗物質」的密度。

總整理

威爾遜和彭齊亞斯透過天線傳來的雜音，成功發現了復合時期釋出的電磁波──宇宙微波背景輻射。根據這個觀測結果，得知了宇宙的年齡和組成物質的分布。

觀測到宇宙的微中子

得獎者

研究對象與概要

**觀測到微中子，
為宇宙物理學帶來開創性的貢獻**

| 2002 | 基礎 |

成功觀測到太陽中心核融合產生的微中子，以及超新星爆炸後產生的微中子。開創了利用微中子解析宇宙的研究領域，以先驅者的身分為宇宙物理學帶來貢獻。

雷蒙德·
戴維斯

小柴昌俊

1914 ～ 2006
美國

1926 ～ 2020
日本

觀測神秘的微中子

關於我們居住的這個世界，是由名叫基本粒子的微粒所組成。微中子也是其中之一，在1931年就有人預測其存在。但由於微中子幾乎不會對其他物質產生影響，要成功觀測極其困難。**事實上，每秒就有多達100兆個微中子穿過了我們的身體。**

雷蒙德儲備600噸[※28]的液體，成功觀測到來自太陽的微中子；小柴則是驗證了雷蒙德的研究成果，更觀測到超新星爆炸產生的微中子。

什麼是微中子？

一種基本粒子。內部不帶電，
幾乎不會對其他物質產生任何影響。

$$neutral + ino = neutrino$$

電中性　　　微小　　　微中子

似乎每秒就有
100 兆個微中子穿過身體耶。

神岡偵測器

位於岐阜縣飛驒市神岡町的
超巨大實驗裝置

16m

水
3000噸

16m

牆面和地面布滿著約3000個光感應器！

和白石城的天守閣差不多高

可儲備大約6座
25公尺泳池的水

圖 2.8.1　超巨大地下實驗裝置「神岡偵測器」[29]

了解太陽和星體引發的現象

在原子互相融合並形成其他原子的核融合現象，或是星體生命終結時的超新星爆炸中，就會同時產生出微中子。**只要能觀測到微中子，便可以知道進行核融合的太陽內部結構以及超新星爆炸的成因**，所以觀測就成為了宇宙物理學的重要步驟。

▌捕捉無形的粒子

戴維斯於1965年時，在挖掘炭礦的洞穴儲備了多達600噸的液體，**並在接下來的30年期間觀測到2000個來自太陽的微中子**。然而依照理論來看，這些微中子的數量比預測的還要少，可以猜想其中發生了什麼無法用理論預測的現象。

1987年時，小柴在一個名叫**神岡探測器**，高約16公尺的圓筒型裝置儲備了約3000噸的水，成功觀測到來自太陽的微中子[28]，**獲得的資料數據足以驗證戴維斯的研究**。除此之外，**還成功觀測到11個超新星爆炸產生的微中子**[28]。

◯ 還想知道更多！

將探究微中子的任務交棒給下個世代

長久以來，人們一直以為微中子的質量為0，但在1998年利用神岡探測器觀測之後，便發現微中子其實帶有質量。關於神岡探測器的建設與這個新發現，都與小柴的實驗室團隊有著密切關聯。

① 微中子衝撞帶有水分子的
　原子核和電子

② 被微中子撞出的電子和緲
　子釋放出光

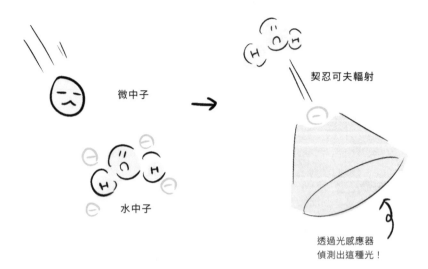

微中子

水中子

契忍可夫輻射

透過光感應器
偵測出這種光！

圖 2.8.2　神岡探測器觀測微中子的方式

揭開天文學的新序幕

　　在此之前的天文學都是調查宇宙的電磁波來做研究，**現在微**
中子則成為了新的研究工具。在今後，說不定會揭開令我們難
以想像的宇宙新面貌。

總整理

戴維斯與小柴分別觀測到來自太陽核融合與超新星爆炸的微中子。這些成
就開創了微中子天文學的研究領域，讓我們對宇宙有了全新的展望。

地球暖化的模型與預測

得獎者	研究對象與概要

以可靠方式預測地球暖化

| 2021 | 基礎

為地球氣候建立簡單模型，預測氣溫會隨著二氧化碳濃度增加而升高。此外，也開發了確保氣候模型可信度的方法。

真鍋淑郎

1931～
美國

克勞斯·
哈塞爾曼

1931～
德國

將複雜的地球氣候轉化成可靠的模型

我們的生活中有許多元素會相互影響，隨機發生各種不同現象。像是人類的社會、地球的氣候也是其中一例。物理學界稱這些為**複雜系統**，同時也在致力查明成因，試圖模擬可能出現的情況。

真鍋在1960年代開發出**地球氣候模型，成功預測了地球暖化現象**；緊接著哈塞爾曼在1970年，**成功找到方法追蹤人類活動對氣候的影響，也驗證了氣候模型的可信度**[※30]。

真鍋的氣候模型

顯示地表獲得的能量收支與空氣、水蒸氣之間的關係

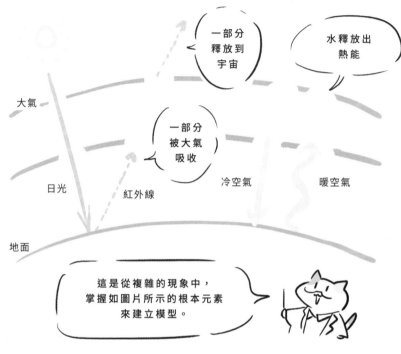

一部分
釋放到
宇宙

水釋放出
熱能

大氣

一部分
被大氣
吸收

日光   紅外線   冷空氣   暖空氣

地面

這是從複雜的現象中，
掌握如圖片所示的根本元素
來建立模型。

繼續發展此氣候模型，再進行模擬後⋯⋯

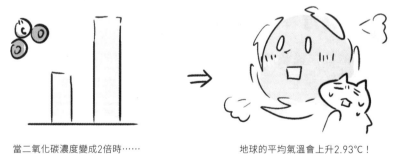

當二氧化碳濃度變成2倍時⋯⋯   地球的平均氣溫會上升2.93℃！

→ 發現並預測地球暖化現象

圖 2.9.1　真鍋建立的氣候模型 [31]

將氣候化為模型

　　地球的大氣被視為複雜系統，若要調查大氣和氣候，必須探討大氣和地表的太陽、地球上的對流、將地表能量傳遞到宇宙的紅外線等等，從各種元素中掌握本質，才能進而建立出模型。

重現人類活動造成氣溫上升的過程

　　1967年，真鍋成功重現了不同高度位置的氣溫。此外，還依據大氣循環與海陸分布，假定南極、北極的雪和冰都會因為氣溫而增減。在計算受二氧化碳濃度影響的氣溫變化後，推測出二氧化碳濃度為當時平均的2倍時，平均氣溫會上升2.93℃，在高緯度地區的上升幅度甚至會更大[※32]。

　　經過10年後，哈塞爾曼開發了**氣候指紋法**，用來辨識人類活動會對地球氣候帶來什麼影響。實際根據人類活動與各種元素建立模型，並計算氣溫變化之後，便能發現大多都符合真實的觀測數值。

以科學角度看待地球暖化

　　真鍋的氣候模型成功重現並說明實際觀測的氣候變遷，像是北極明顯出現暖化，但南極則沒那麼明顯的對比現象等等。之後，這個成便成為許多科學家使用的氣候模型基礎。

最佳指紋辨識法（optimal fingerprint method）

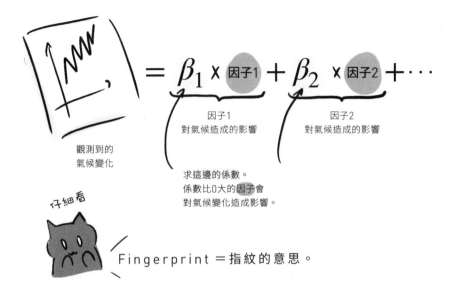

圖 2.9.2　辨識氣候指紋的方法──最佳指紋辨識法

1990年左右，各地開始出現異常高溫等極端氣候，地球暖化便成為全球關注的焦點，世界各國都在迫切地擬訂對策。**因為科學會透過數據，客觀地呈現複雜現象**，才有辦法讓更多人共同了解地球暖化的樣貌

總整理

真鍋建立了重現地球氣候的物理模型，哈塞爾曼則是開發出辨識人類活動對氣候有何影響的方法。這些值得信賴的手法能讓許多人具體想像地球暖化，影響了全世界。

沒有諾貝爾數學獎?

諾貝爾獎在各領域設置獎項,一般分別是生理醫學獎、物理學獎、化學獎、經濟學獎、和平獎、文學獎,總共六個獎項。既然有醫學、物理、化學等科學類的獎項,那想必應該也有數學獎吧?然而遺憾的是,實際上並沒有諾貝爾數學獎。

相對地,在數學界倒是有個名叫菲爾茲獎的獎項。這個獎又被稱為數學界的諾貝爾獎,是頒發給在數學領域有卓越表現的人。創立人是加拿大數學家約翰・查爾斯・菲爾茲,獎項名稱就是取自他的名字。菲爾茲獎是每 4 年頒發一次,可以好好期待下一次的頒獎典禮。

晚宴的演說

諾貝爾獎頒獎典禮於每年 12 月 10 日舉行,這天也是諾貝爾的忌日。頒獎典禮地點位於諾貝爾的故鄉,瑞典的斯德哥爾摩市政廳(和平獎的頒獎典禮則於挪威首都奧斯陸的市政廳舉行)。當天會有來自瑞典王室、政府、學術界等賓客出席,出席者多達 1300 人左右。

在頒獎典禮之後還有晚宴,得獎者會上台發表演說。日本文豪川端康成在 1968 年獲得文學獎時,就是以和服打扮參加頒獎典禮並發表演說。

在諾貝爾獎的官方網站(https://www.nobelprize.org/)上,看得到部分影片和文章。透過這些片段,或許能感受到一點晚宴的現場氣氛。

第 **3** 章

諾 貝 爾 化 學 獎

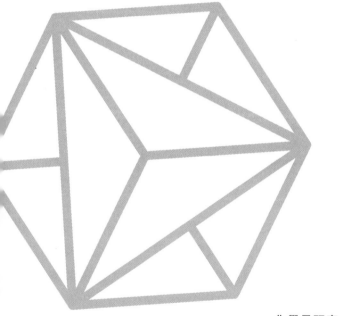

化學是研究自然科學的領域之一，
主要在探討物質的結構、性質，
還有物質之間產生的反應。
在榮獲諾貝爾化學獎的研究中，
可以看到革命性的物質、合成方式和化學反應的應用等等。
現在就來一窺這個與人類生活也有直接關聯的世界吧。

3.1 如果少了這個，就不會有咖啡飲品了？

醣 類 、 嘌 呤 類 的 人 工 合 成

| 得獎者 | 研究對象與概要 |

赫爾曼·
埃米爾·
費雪
1852〜1919
德國

醣類、嘌呤類的合成
| 1902 | 基礎 |

發現只要以苯肼進行反應，就能輕鬆合成
難以精製的醣類。他釐清醣類結構和組成
方式，還說明了生物體內的化合物是由名
叫嘌呤類的共通物質產出，成功完成人工
合成。

▍鑽研支援生物的化合物

生物化學（生化）是在研究生物體內的成分，探查其中的關
係性和化學反應。在1902年獲得諾貝爾化學獎的人，就是人稱
生物化學之父的化學家[1]、[2]埃米爾·費雪。

費雪主要在研究醣類和嘌呤類，是對生化領域而言相當重
要，卻難以進行人工合成的化合物。如咖啡內含的咖啡因、可可
內含的可可鹼，都是嘌呤類的一種。

因為費雪**發現能揭示醣類結構的物質，以及它們與嘌呤類
有共通來源**，才進而讓人工合成得以成功。

088

什麼是醣類？

碳和氫組成的化合物，
是生物的能量來源。以單醣作為構成單位。

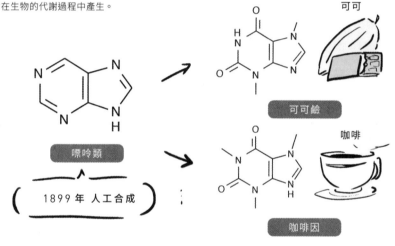

羥基　OH-

與名叫苯肼的藥物
產生反應！

CH₂OH

β-葡萄糖

透過實驗解開醣類的結構，也成功完成人工合成

什麼是嘌呤類？

由嘌呤組成的各種化合物，
會在生物的代謝過程中產生。

可可

嘌呤類

1899 年 人工合成

可可鹼

咖啡

咖啡因

明白化合物之間的關係後，也能達成人工合成！

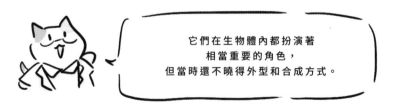

它們在生物體內都扮演著
相當重要的角色，
但當時還不曉得外型和合成方式。

圖 3.1.1　成功合成出生化領域的重要化學物質

呈現什麼樣的外型呢？

　　醣類是能量來源，嘌呤類則是代謝過程的必要物質，**對生物來說都是重要的化合物**。然而長久以來，內部的結構全貌一直都是謎團，使得人工合成變成艱難的任務。

▍首次人工合成出醣類和嘌呤類

　　1881年，當時的費雪正在研究尿酸。費雪發現像是**尿酸等多數生物分子，都是從同一種化合物變化而來**。1899年，費雪首次合成出原始來源的物質，**並取名為嘌呤**。之後直到1900年，他研究了大約130種由嘌呤衍生的嘌呤類物質。不但查明了嘌呤類的結構全貌，也成功進行了合成。

　　這段期間，他在1884年開始研究起醣類，發現有個名叫苯肼的藥物會與醣類裡的羥基產生反應，這項特徵也成為有效掌握醣類結構的途徑。另外還**透過實驗發現葡萄糖等醣類的結構，成功人工合成出新的醣類**。

▍為社會帶來貢獻的合成技術

　　要工業生產具有藥物作用的嘌呤類，費雪的人工合成方法就派上了用場。當時幾乎沒有關於嘌呤類的先行研究，是費雪開創了出這條道路。

解開疾病和生命現象的謎團

藥物合成
（抗愛滋病毒藥物、抗癌藥物等等）

咖啡因是嘌呤類，
糖則是醣類嘛。

咖啡飲品

圖 3.1.2　這個基礎研究的貢獻至今仍在使用

　　費雪成功合成出了糖和咖啡因。如果沒有費雪的發現，我們可能就喝不到像是能量飲這種有加人工甜味劑的咖啡因飲料了

總整理

對生物活動來說，醣類和嘌呤類都是相當重要的化合物，費雪不但釐清了內部結構，還成功進行了人工合成。費雪不只是生物化學領域的先驅，他的發現也為藥物和飲料的製造帶來了貢獻。

3.2 改變糧食生產的化學反應！
用空氣製造麵包？

發明哈伯法

得獎者

弗里茨·
哈伯
1868～1934
德國

研究對象與概要

發明氨的人工合成法
| 1918 | 應用 |

發明了有效促進氫和氮產生反應，合成出
氨的哈伯法。空氣中雖然含有大量氮，但
是植物無法直接從空氣中吸收氮。人工合
成的氨能讓農地恢復營養，成為糧食生產
的支柱。

如何製造植物的營養

對植物來說，氮等元素就是成長時的營養來源。然而氮在大
氣中雖然占了大約8成比例，卻無法直接作為養分，必須先與其
他元素結合成氨（NH_3）等化合物，才能成為植物的營養。在哈
伯開始做研究的1904年時，人們認為即使是在化學界，要合成
出氨仍是一項不可能的任務[※3]。

不過哈伯在1909年，成功在175大氣壓、550°C的高溫高壓
下，每小時合成出80g的液態氨。同年，卡爾·博施應用了調控
高溫高壓的技術和促進化學反應的催化劑，完成了高效製氨的哈
伯法。

在大氣的氣體中……

8成比例為氮

明明空氣裡有這麼多氮……

若是氨的話，
就能成為養分了啊。

哈伯法

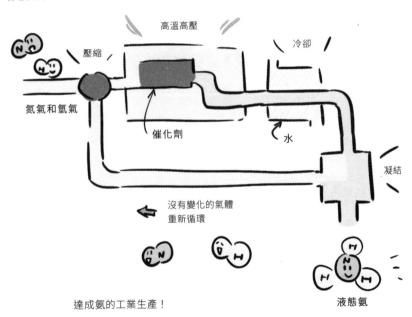

高溫高壓

冷卻

壓縮

氮氣和氫氣

催化劑

水

凝結

沒有變化的氣體
重新循環

達成氨的工業生產！

液態氨

圖 3.2.1　成功合成出氨，並有效應用在工業活動上。

氮難以產生反應

氮分子與氧分子恰恰相反，是一種十分穩定的物質，幾乎不會在常溫下自行反應。要讓氮與氫產生反應必須準備莫大的電能，使得工業生產氨成為了艱難任務。

高溫高壓與催化劑的力量

哈伯接受了企業委託，在高溫下進行了氨的合成實驗。不過早已在做相關研究的化學家能斯特，卻質疑該實驗結果的氨產量過大。於是哈伯便在能斯特的建言下，改成在高壓環境下進行實驗，成功獲得了工業生產規模的氨。

在此之後，哈伯與德國企業BASF展開合作研究。BASF公司的米塔修用2500種催化劑實驗了6500次後[4]、[5]，發現鐵就是最佳的催化劑。於是同樣隸屬BASF公司的博施便在500℃～600℃高溫、300大氣壓的高壓下讓氮和氫產生反應。到了1913年，成功生產氨達到年產量8700噸[5]。

還想知道更多！

經濟活動不可或缺的合成氨

在英國的工業革命後，歐洲人口急速成長，必須設法增加糧食產量。但由於此時已能從農地運送大量農作品到遠方，造成農地不停流失農作品所需的成長養分。而合成氨就能補充農地營養，增產糧食，進而維持經濟和社會的運作。

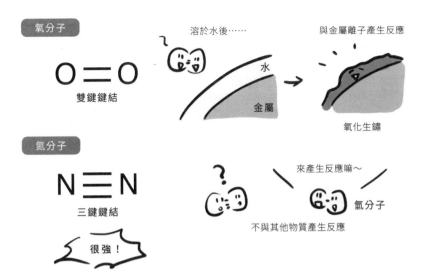

氧分子

O══O

雙鍵鍵結

溶於水後⋯⋯

水

金屬

與金屬離子產生反應

氧化生鏽

氮分子

N≡N

三鍵鍵結

很強！

來產生反應嘛～

?

氦分子

不與其他物質產生反應

圖 3.2.2　為什麼氮不容易產生反應？

麵包與哈伯法

　　1918年時，BASF公司以哈伯法製造出年產量18萬噸[6]的合成氨。哈伯法成為氨的主要合成方式，成功達到**大量生產**的目標。氨則變成化學肥料的原料，是小麥等植物的營養來源。哈伯法的發明就是有助於糧食生產的重要成就。

總整理

　　氨的人工合成在過去被視為一大難題，但是哈伯法成功以高效率的方式製造氨。這是為農地提供養分，有助於糧食生產的科學技術。

發 現 富 勒 烯

得獎者

羅伯特·
柯爾

1933 ～
2022
美國

哈羅德·
克羅托

1939 ～
2016
英國

理查·
斯莫利

1943 ～
2005
美國

研究對象與概要

發現碳的同素異形體——富勒烯 | 1996 | 基礎 |

成功合成出 1970 年時，就預言到存在的碳同素異形體「富勒烯」。以雷射光束照射碳，再經過氣化和壓縮後，便可獲得 60 個碳原子組成的分子，並推測該分子呈現球狀造型。

▌ 碳原子組成的奈米尺寸足球

　　由相同元素組成，卻有不同結構的物質稱為**同素異形體**。比方來說，鉛筆芯就是碳的同素異形體。鉛筆芯的正式名稱為石墨，由碳原子組成一層層六角形堆疊出來；鑽石也是碳原子的同素異形體，碳原子會規律排列成晶體。

　　繼石墨和鑽石之後，柯爾、克羅托、斯莫利3人在1985年，發現了碳同素異形體的**富勒烯**。**這是形狀猶如足球，直徑約1nm左右的分子。**

富勒烯（C_{60}）

一種碳同素異形體。
由60個碳原子共同組成足球狀的分子。

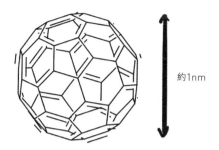

約1nm

在實驗中偶然發現

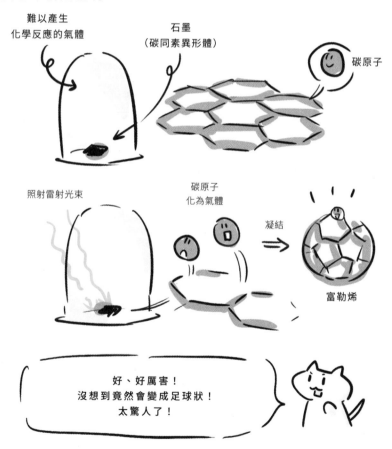

難以產生
化學反應的氣體

石墨
（碳同素異形體）

碳原子

照射雷射光束

碳原子
化為氣體

凝結

富勒烯

好、好厲害！
沒想到竟然會變成足球狀！
太驚人了！

圖 3.3.1　偶然合成出富勒烯

15 年前的預言

在1970年時，就已經有人預言了富勒烯的存在。提出這個想法的人，就是當時任職於京都大學的有機化學家大澤映二[7]、[8]。他是在天文學相關的實驗中，碰巧合成出富勒烯。

出自偶然的美麗分子

克羅托注意到星體的大氣和星際氣體含有碳和氮組成的長分子，開始對這個分子的形成方式產生興趣。於是，他邀了研究原子和分子聚合體的斯莫利合作，而當時的斯莫利正在與柯爾一起做研究[9]。

柯爾等人在1985年，用雷射光束照射碳的表面，讓碳產生氣化。在分析氣化後的碳時，偶然發現碳出現凝結，有60個碳結合成了新的分子。然而，當時還不曉得這個分子的詳細結構。

柯爾等人推測該分子是**由20個六角形和12個五角形連結而成，並長得如足球一般。**由於造型神似建築師兼數學家的巴克敏斯特·富勒設計的某棟建築物，該分子便被取名為**富勒烯**（按：又稱巴克球）。大約2個月後，這項研究成果就被發表在科學期刊《Nature》。

與推測相符的結果

為了調查富勒烯的結構，全球的科學家開始試圖分離富勒烯。1990年時，克瑞茲莫和霍夫曼查明了內部結構，得知富勒烯的形狀確實與柯爾等人的推測相符。

設計出網格圓頂的建築
「測地線穹頂」

巴克敏斯特・富勒
(1895～1983)

圖 3.3.2　巴克敏斯特・富勒打造的建築物「測地線穹頂」

▎也能成為原子和離子的載體

富勒烯的內部可以內嵌原子和離子，由此產生的新材料會具有全新性質，像是能高效回收電子、加速藥物合成所需的反應等等，有望應用在太陽能電池或藥品的製造上

> **總整理**
>
> 在 1970 年就有人預言了富勒烯的存在，柯爾、克羅托、斯莫利三人則是在偶然之下發現富勒烯。富勒烯由碳組成，是長得宛如足球的分子，可以廣泛運用在工學、藥學等領域上，有助於新材料的開發與研究。

3.4 | 維多利亞多管發光水母 是如何發光？

發 現 綠 色 螢 光 蛋 白

得獎者

下村脩

1928～
2018
日本

馬丁·
查爾菲

1947～
美國

錢永健

1952～
2016
美國

研究對象與概要

綠色螢光蛋白的發現與應用 | 2008 | 基礎 |

在維多利亞多管發光水母身上，發現了會釋放綠色螢光的蛋白質。與其他生物體內的蛋白質連結在一起後，便可觀察到至今無法用肉眼看到的分子分布與成長。這項成功讓蛋白質視覺化的技術，為生物化學和醫學帶來了貢獻。

為什麼維多利亞多管發光水母會發光？

　　2008年的諾貝爾獎，頒發給了有關水母的研究。研究主題就是一受刺激就會發出藍光，名叫**維多利亞多管發光水母**的知名水母。然而，當時還尚未找出水母發光的成因。

　　下村在維多利亞多管發光水母的身上，找到一種**會釋放綠色螢光的蛋白質——綠色螢光蛋白**，並發現該物質與鈣離子產生反應後便會發光。查爾菲證明了綠色螢光蛋白可以作為發光標記，實際用來調查生物的身體內部；錢永健則是成功讓該物質除了綠色以外，還能發出其他各種不同顏色的光

100

維多利亞多管發光水母

受到刺激就會發光的水母。
發光成因與其他生物不同，
當時尚未解開謎團

光是來自綠色螢光蛋白！

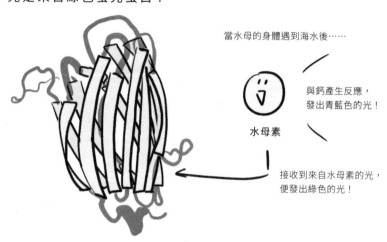

當水母的身體遇到海水後……

與鈣產生反應，
發出青藍色的光！

水母素

接收到來自水母素的光，
便發出綠色的光！

拿來作為蛋白質上的發光標記

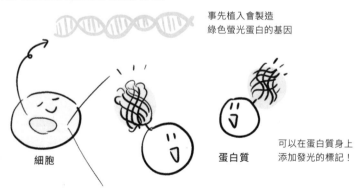

事先植入會製造
綠色螢光蛋白的基因

細胞

蛋白質

可以在蛋白質身上
添加發光的標記！

在醫學與生物化學方面，有助於理解疾病和生命現象！

圖 3.4.1　在水母身上發現能讓生物內部發光的小小標記 [10]

突破常識的發光物質

1961年[※11]，下村開始研究起維多利亞多管發光水母。當時，人們猜測維多利亞多管發光水母和螢火蟲、海螢等生物一樣，是因為螢光素（Luciferin）與名叫螢光素酶的酵素產生化學反應而發光。

但無論眾人怎麼找，在維多利亞多管發光水母身上都找不到螢光素。經過反覆調查後，下村才終於發現會發光的蛋白質——綠色螢光蛋白，後來也**成功從維多利亞多管發光水母中分離出來。**

得到這個研究結果後，查爾菲在其他生物體內某個分子植入綠色螢光蛋白，證實綠色螢光蛋白可以當作一種**發光標記**。透過這個方式，便能觀察到至今用肉眼看不到的分子位置和動向了。

查明形狀和化學反應的謎團，繼續更上一層樓

後來，錢永健查出了綠色螢光蛋白的**立體形狀，以及直到發光為止的化學反應。**他應用這些知識，也成功讓蛋白質發出綠色以外的顏色。

還想知道更多！

發光生物的世界

會自行發光的生物稱為發光生物。像維多利亞多管發光水母、螢火蟲，還有名叫日本臍菇的蕈菇都列屬其中。發光生物的光芒，是來自體內產生的化學反應。

引發化學反應的物質和發光部位會依生物種類而異，目前還有許多生物的發光目的仍充滿著謎團。

發光生物

會自行發光的生物，身上帶有發光物質。

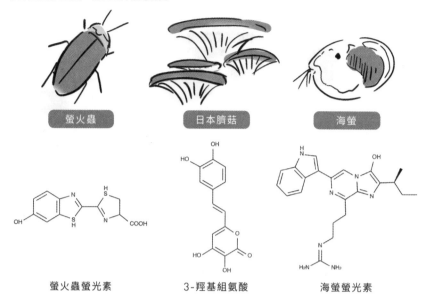

圖 3.4.2　海洋和陸地都有著各種發光生物和螢光素

▍ 為調查生物體內的研究帶來貢獻

只要運用綠色螢光蛋白，即使不傷害細胞，也能以肉眼看到其中的各種蛋白質。科學家發揮這個優勢，廣泛地在醫學、生物化學等領域上用來**深入了解疾病和生命現象**。

> **總整理**
>
> 1961 年時，下村從維多利亞多管發光水母身上成功分離出綠色螢光蛋白。在這之後，查爾菲把綠色螢光蛋白用來作為發光標記，錢永健則是解開了內部結構和發光過程，拓展了在生物體內運用多色發光標記的可能性，為醫學和生物化學帶來貢獻。

發現鈀催化交叉偶合反應

得獎者

理查・赫克
1931～
2015
美國

根岸英一
1935～
2021
日本

鈴木章
1930～
日本

研究對象與概要

發現有機合成的鈀催化交叉偶合反應 ｜ 2010 ｜ 應用 ｜

發現以鈀作為催化劑的交叉偶合反應，可以在高效率且較少副產物的環境下結合碳原子。這項先進技術能以人工方式合成出複雜的化合物，拓展化學的可能性。而且除了研究之外，也廣泛地運用在生產作業中。

依照所想的方式製造化合物

電視的液晶螢幕和藥品等等，都是由碳構成的有機物製造而成。若要合成複雜的有機物，必須讓碳互相連結。但由於化合物中的碳原子相當穩定，彼此不容易結合。縱使成功結合，最後也會產出大量副產物，成為令人煩惱的難題。

赫克、根岸和鈴木利用鈀作為催化劑，**成功使碳有效率地結合在一起**。讓其中一個碳原子與硼或鋅連結，另一個碳原子則與鹵素連結。鈀成為分子之間的媒介，最後會離開碳，實際讓碳互相連結。

碳之間不容易結合

碳

H

碳

彼此沒有
結合的必要啊～

不結合的話，
就做不出複雜的
有機物了啊！

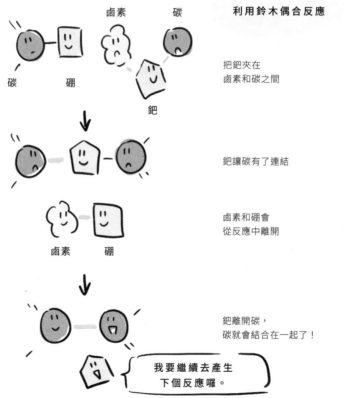

利用鈀催化來達成目的

鹵素　　碳

碳　　硼

鈀

利用鈴木偶合反應

把鈀夾在
鹵素和碳之間

鈀讓碳有了連結

鹵素　硼

鹵素和硼會
從反應中離開

鈀離開碳，
碳就會結合在一起了！

我要繼續去產生
下個反應囉。

圖 3.5.1　身為金屬催化劑的鈀會成為媒介，讓碳產生連結

什麼是交叉偶合反應？

讓兩個分子連結的反應稱為偶合反應，其中若是連結兩個不同分子的反應則叫做交叉偶合反應。在此介紹的是出自兩個不同的分子的化學反應，所以是屬於交叉偶合反應。

碳之間的連結

赫克在1972年時，達成了以鈀作為催化劑的交叉偶合。同年，鈴木完成了具有實用性的交叉偶合反應，根岸則是在1977年發現可以用鋅引發鈀催化交叉偶合反應[12]。

雖然他們三人開發的反應方式使用了不同原子，依然產出相同的化學反應。現在就來介紹一下鈴木發現的反應過程：

首先，將兩個要結合的碳原子一方與硼原子連結，另一方與鹵素原子連結。後者帶有鹵素的碳會與鈀產生反應，以碳－鈀－鹵素的排列順序做連結。

如果此時出現了帶有硼的碳，就可以結合出硼－鹵素，以及碳－鈀－碳。最後等到鈀離開，**碳就會互相結合**[13]。

鈀會繼續移動到下個反應

於是可喜可賀地，碳就會像這樣結合在一起，原本作為媒介的鈀會再繼續與其他帶有鹵素的碳產生反應，讓碳不停結合下去。鈀本身在反應前後不會有任何變化，會以催化劑的身分觸發化學反應。

圖 3.5.2　透過交叉偶合反應製造的東西

▎這些也是透過交叉偶合反應做出來的！

　　除了做研究之外，像是電視螢幕會用到的液晶以及各種藥品等等，在製造這些貼近生活的物品時，也經常會應用到交叉偶合反應。交叉偶合反應可以合成出複雜的有機物，使我們的生活有了巨大改變。

> **總整理**
>
> 赫克、根岸和鈴木發現了鈀催化交叉偶合反應，進而讓碳有效率地連結在一起，成功合成出複雜的有機物。

開發低溫電子顯微鏡

雅各·
杜伯謝

1942〜
瑞士

約阿希姆·
法蘭克

1940〜
美國

理查·
韓德森

1945〜
英國

開發低溫電子顯微鏡的影像觀察技術 | 2017 | 技術 |

開發低溫電子顯微鏡，成功拍到溶液內生物分子的 3D 影像。先拍攝並重疊 2D 畫面，進而完成 3D 影像。之後又達成能拍攝到分子，清晰至原子尺度的高解析度[14]，為生物化學和藥學帶來貢獻。

不破壞奈米世界的 3D 技術

科學界直到19世紀[15]，才開始信賴顯微鏡的技術。光學顯微鏡是用光束，電子顯微鏡則是用電子束照射物體進行觀察。電子顯微鏡的解析度雖然高，卻得讓樣本暴露在電子束或真空的環境中，導致活體細胞受到破壞，成為研究時的一大難題。

到了1980年代，解決這項難題的人就是開發低溫電子顯微鏡的杜伯謝、法蘭克、韓德森三人。他們冷凍了分子樣本，將拍下的2D影像組合起來，成功獲得溶液內生物分子的高解析度3D影像

低溫電子顯微鏡的使用過程

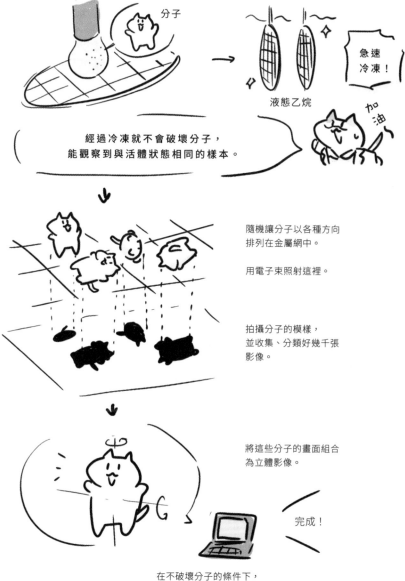

分子

急速
冷凍！

液態乙烷

加油

經過冷凍就不會破壞分子，
能觀察到與活體狀態相同的樣本。

隨機讓分子以各種方向
排列在金屬網中。

用電子束照射這裡。

拍攝分子的模樣，
並收集、分類好幾千張
影像。

將這些分子的畫面組合
為立體影像。

完成！

在不破壞分子的條件下，
簡單地得知分子的立體結構。

圖 3.6.1　運用冷凍技術，將拍攝的畫面合成為 3D 影像

集結最新技術

1980年代初期[※16]，杜伯謝開發出冷凍樣本的方法。這個方法就是將樣本置於網格上，並轉至90度方向，用紙巾吸取多餘液體後，再放入液態乙烷（-89℃以下）中**急速冷凍**。

此時在各個四角形的網格中，**就會有不同方向角度的蛋白質**。用電子顯微鏡拍下這些2D畫面並組合起來，便能獲得原子尺度的**立體蛋白質影像**。立體影像技術是法蘭克從1975年開始，花費了10年左右的時間研發；關於高解析度的蛋白質立體影像，則是韓德森在1990年[※16]開發的技術。

觀察分子結構的工具

在1990年代以前，有兩種鑑定分子結構的主要方法，分別是曾解析出DNA雙螺旋結構的X光結晶法以及核磁共振法（NMR）。繼這兩種方式之後，低溫電子顯微鏡成為新的鑑定法[※17]。

還想知道更多！

預言了顯微鏡進化的恩斯特‧阿貝

除了光學顯微鏡、電子顯微鏡之外，還有場離子顯微鏡、掃描穿隧式顯微鏡等顯微鏡，各種類型分別有不同功能。

19世紀末的科學家恩斯特‧阿貝曾預言：「今後一定會繼續出現觀察微小物體的裝置，但它們的共通點將僅止於『顯微鏡』這個名稱。」現在看來確實如他所言。

各種觀察方法

	X光結晶法	核磁共振法（NMR）	低溫電子顯微鏡
開發年份	1912～1913年	1937年	1980年代
使用光束	X射線	高頻電波	電子束
主要的觀察對象	結晶	器官、分子	溶液內的生物分子等

圖 3.6.2　X光結晶法、核磁共振法、低溫電子顯微鏡的比較

能透過肉眼觀察，加速研究進展

　　有了低溫電子顯微鏡，便能觀察到以往看不見的分子結構，並加速了在生物體內活動的原子級機械「分子機械」的研究。低溫電子顯微鏡是對藥學和生物化學帶來巨大貢獻的裝置

總整理

杜伯謝、法蘭克、韓德森三人開發出低溫電子顯微鏡，不用破壞生物體內分子，即能觀察原子級尺度，甚至解析出內部的立體結構。這是繼以往的結構鑑定法之後，為藥學和生物化學帶來巨大貢獻的技術。

3.7 環保電池改變世界！
能反覆充電的輕巧電池？

發明鋰離子電池

得獎者

約翰・
古迪納夫
1922～
美國

史坦利・
惠廷翰
1941～
英裔美籍

吉野彰
1948～
日本

研究對象與概要

發明鋰離子電池 ｜ 2019 ｜ 應用 ｜

開發出能反覆充電的輕量電池。當電池內部帶正電的鋰離子移動時，帶負電的電子也會跟著移動。這個技術也有應用在電動車的引擎上，為不依靠石油資源的社會期許帶來貢獻。

為電池的歷史掀起革命

在歷史上，電池是19世紀末的時候出現。1868年時，法國的勒克朗社發明了全球第一顆電池；1888年時，在德國、丹麥、日本誕生了乾電池。在此之後的100多年，這段期間的電池不是無法充電，不然就是雖能充電，卻很重又容易劣化[※19]。

古迪納夫、惠廷翰、吉野彰三人發明了**重量輕，又可以反覆充電的鋰離子電池**。鋰離子會在兩個電極之間來來去去，不會像以往的電池那樣分解電極的金屬，是能持久使用的電池。

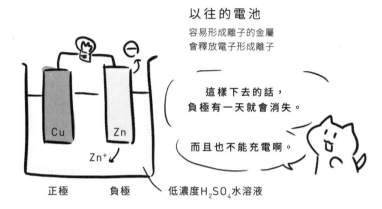

以往的電池

容易形成離子的金屬
會釋放電子形成離子

這樣下去的話，
負極有一天就會消失。

而且也不能充電啊。

正極　　　　負極　　　低濃度H_2SO_4水溶液

鋰離子電池

正極、負極會與離子產生作用！

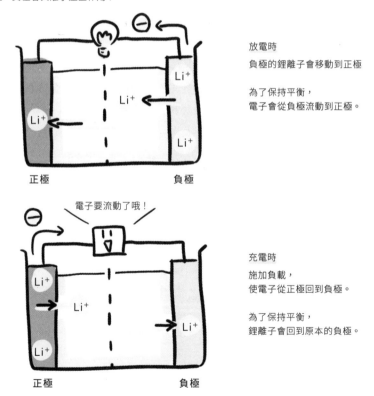

放電時

負極的鋰離子會移動到正極

為了保持平衡，
電子會從負極流動到正極。

充電時

施加負載，
使電子從正極回到負極。

為了保持平衡，
鋰離子會回到原本的負極。

圖 3.7.1　因為鋰離子的移動，讓電池可以反覆充電 [20]、[21]

身處於石油危機

1970年代，國際原油價格飆漲（石油危機），但石油是火力發電、汽車引擎的必要能源。於是惠廷翰開始進行研究，尋找不需要依賴石油的能源技術。

鋰離子的必經之路

電池是由產生電子的負極與接收電子的正極所組成。惠廷翰選用二硫化鈦作為正極，用鋰作為負極，完成了2伏特電壓的電池。因為二硫化鈦**有空間可以接收鋰**，進而讓鋰離子可以往來移動。

古迪納夫為了獲得更高的電壓，提出了以金屬氧化物作為正極的點子。1980年時以氧化鈷作為正極，成功獲得高達4伏特的電壓。**鋰離子在放電時會從負極移動到正極，在充電時則是相反。**

於是，古迪納夫和吉野終於成功發明了鋰離子電池。1991年，鋰離子電池正式商品化，開始在市面上販賣[20]。

改變社會的環保電池

鋰離子電池被運用在小型且高性能的機器上，像是電動車的引擎、手機電池等等，為今後的新產品和未來發展引領了方向。

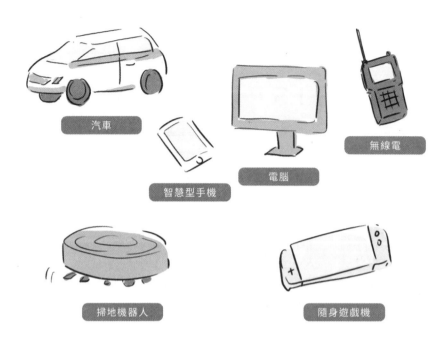

汽車

智慧型手機

電腦

無線電

掃地機器人

隨身遊戲機

圖 3.7.2　這些用品都有搭載鋰離子電池[22]

　　在榮獲諾貝爾獎時，鋰離子電池也被評為有助於社會擺脫化石燃料的貢獻。科學技術的進步，就是社會變革的基石。

總整理

古迪納夫、惠廷翰和吉野發明了鋰離子電池，這是透過鋰離子的移動來反覆充電，輕巧又有高功率的電池。這種電池被運用在常見的日常用品中，為人們的生活帶來幫助。

開發 CRISPR / Cas9

艾曼紐爾·
夏彭蒂耶

1968～
法國

珍妮弗·
道納

1964～
美國

研究對象與概要

開發基因編輯技術

| 2020 | 基礎 |

開發了編輯生物基因的工具「CRISPR/
Cas9」，能比以往更加迅速精簡地指定
剪下 DNA 的某段序列。這個技術可望查
明生物體內的現象，找出治療遺傳性疾病
的方法。

改變身體的小小剪刀

我們的身體裡含有DNA，是能傳遞遺傳資訊的物質。DNA
所有資訊的總和是基因體，基因體內一段完整序列則是基因。細
胞會依據基因製造蛋白質，基因編輯則可以改變體內的蛋白質及
身體狀態。

夏彭蒂耶與道納開發出一種可以編輯DNA的工具
「CRISPR/Cas9」。CRISPR/Cas9會讓**用來定位的嚮導
RNA蛋白質**與特定DNA序列結合，並使用名叫**Cas9核酸酶**的
酵素剪輯DNA。

什麼是基因體？

有關生物的遺傳資訊。
DNA所有資訊的總和就稱為基因體

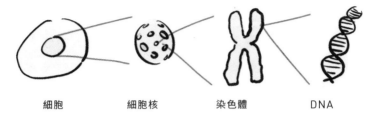

細胞　　　　　細胞核　　　　　染色體　　　　　DNA

基因編輯工具　CRISPR/Cas9

Cas9核酸酶
會像剪刀一樣
剪輯DNA的酵素

嚮導RNA
作為定位標記的
蛋白質

① 剪刀與定位標記
融合。

剪這邊哦！

② 定位標記與需要編輯的
DNA片段結合，
剪刀就會根據定位剪下該處。

③ 在剪下後的空缺位置，
放入從其他生物身上
剪下的DNA。

→基因體內的資訊被置換，成為具有新機能的細胞。

圖 3.8.1　Cas9 核酸酶會根據嚮導 RNA 的定位剪輯基因片段[※23]

第 **3** 章│諾貝爾化學獎

起源於細菌的免疫系統

起初，夏彭蒂耶和道納是在研究一種名叫化膿性鏈球菌的細菌。**這種細菌受到病毒入侵時，會在病毒的DNA中嵌入一段序列**，並以重複序列的形式保存在自己的DNA裡。這個重複序列就是CRISPR。

像化膿性鏈球菌這種沒有細胞核的原核生物，如果再度遭到病毒入侵，就會根據過去保存的CRISPR複製出CRISPR RNA。CRISPR RNA會與分子剪刀的Cas9核酸酶結合，形成可以定位的嚮導RNA。

嚮導RNA會在**外來病毒的DNA中，找出與CRISPR具有相同序列的部分並結合**，用Cas9核酸酶剪輯該處。原核生物就是以這樣的免疫系統擊退病毒。

利用人工基因編輯技術

依照這樣的免疫系統，**我們就可以根據需要剪輯的基因序列製造出對應的嚮導RNA**，取代原本CRISPR的作用。也就是說，現在不僅限於曾經入侵過的病毒，也可以針對某段需要剪輯的特定序列來製造定位標記。

也是研究開發和治病的希望

有了這項研究成果，我們可以更加簡便地調查各個基因的活動，還能製造出具有新功能的細胞。在這樣的背景下，也進而推動了新的基因療法研究。

CAR-T 細胞療法

難治性癌症的治療法之一

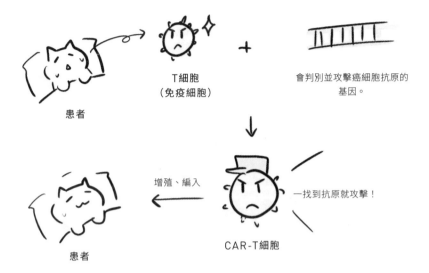

T細胞
（免疫細胞）

會判別並攻擊癌細胞抗原的
基因。

患者

增殖、編入

一找到抗原就攻擊！

CAR-T細胞

患者

圖 3.8.2　用於治療疾病的範例 [24]

　　舉例來說，用來治療難治性癌症的CAR-T細胞療法，就是在編輯患者的T細胞基因體，把攻擊癌細胞的基因編入基因體，製造出具有攻擊力的T細胞來擊潰癌細胞的療法。在醫療現場上，基因編輯技術也發揮了作用。

總整理

夏彭蒂耶與道納以細菌的免疫系統為藍本，開發出編輯基因的技術。這項成就不只查明了生物的體內機制，對於治療遺傳性疾病的研究也帶來了貢獻。

3.9 | 分別製造鏡像分子，打造全新類型的小幫手？

發 現 有 機 物 的 不 對 稱 催 化 劑

得獎者

班傑明・李斯特
1968 ～
德國

大衛・麥克米蘭
1968 ～
美國

研究對象與概要

發現不對稱有機催化劑

| 2021 | 應用 |

繼生物催化劑、金屬催化劑之後，發現了第三種類型的有機催化劑。不對稱合成可以分別製造出宛如右手和左手般對稱的鏡像分子，讓結構簡單的有機分子發揮催化劑的作用。而且進行合成時，只會產生少量的廢棄物。

第三種類型的催化劑

有些分子是具有鏡像性質的雙胞胎，稱為光學異構物。光學異構物乍看一模一樣，但其實具有不同性質。比方說，從薄荷油萃取出的薄荷醇有12種光學異構物，其中卻只有2種具有獨特的清涼香氣。能夠分別製造這些分子的合成方法稱為**不對稱合成**，在生產藥物時就會用到這個技術。

過去以來，都是以酵素或金屬來進行不對稱合成。而李斯特和麥克米蘭單獨**利用有機化合物，也就是以有機催化劑成功完成了不對稱合成**。被找到的有機催化物既單純且分子量小，是比傳統催化劑更便宜的分子，在促進化學反應的過程中也不會產出有害廢棄物。

催化劑

本身不會產生變化，可以促進化學反應的物質

分子　　　分子

催化劑

生物催化劑…酵素等

金屬催化劑…鈦化合物等

反應效率和廢棄物成為有待解決的問題

光學異構物

宛如鏡像，具有對稱形狀的分子

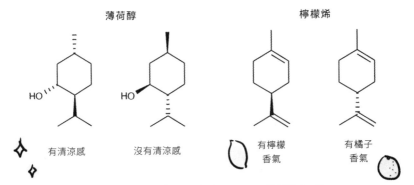

薄荷醇　　　　　　　　　　　　檸檬烯

有清涼感　　　沒有清涼感　　　有檸檬　　　有橘子
　　　　　　　　　　　　　　　香氣　　　　香氣

可以分別製造這些分子＝不對稱合成

有機分子也可以作為不對稱合成的催化劑！

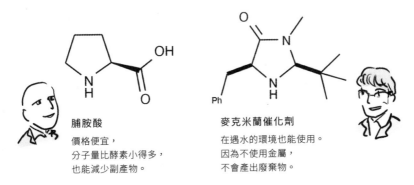

脯胺酸
價格便宜，
分子量比酵素小得多，
也能減少副產物。

麥克米蘭催化劑
在遇水的環境也能使用。
因為不使用金屬，
不會產出廢棄物。

圖 3.9.1　結構簡單的有機分子也能成為催化劑

不對稱合成的課題

　　傳統的金屬催化劑有個缺點，就是在化學反應結束後，會產出含有金屬的有害廢棄物。在研發具有環保效益的化學反應時，廢棄物便成了重要課題。

簡單的有機物質成了催化劑

　　2000年時[25]，李斯特在構成胺基酸的大分子中發現一種簡單的氨基酸「脯氨酸」可以作為不對稱合成的催化劑。酵素通常是由幾百個原子組成，然而脯氨酸卻僅有16個原子，**是結構相當簡單的分子**，在有機化學的實驗室也經常派上用場，成本價格十分低廉。

　　在同一時期，麥克米蘭試圖改良容易被水破壞的金屬催化劑，最後發現**不含金屬原子，以31個原子組成的化合物具有催化劑效用**。於是，這種類型的有機化合物就被命名為有機分子催化劑（Organocatalysis）[26]。

打造了有機分子催化劑的研究領域

　　李斯特和麥克米蘭妙手解決了金屬催化物會產生許多副產物，難以處理廢棄物的難題。他們是引領有機分子催化劑研究的先驅，吸引眾多研究者共同建立起這個領域。

S-布洛芬   R-布洛芬

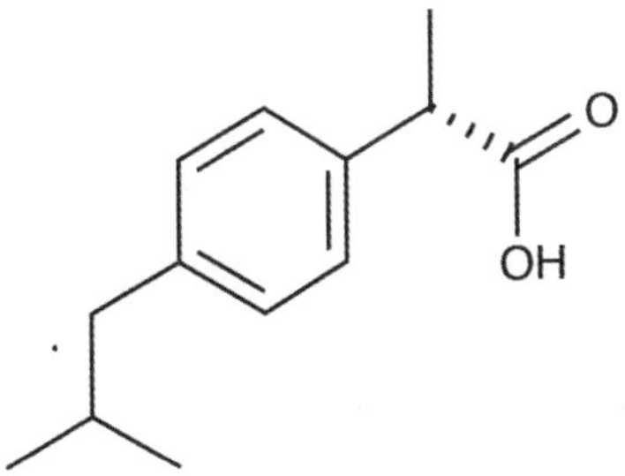

具有消炎止痛的作用   沒有消炎止痛的作用

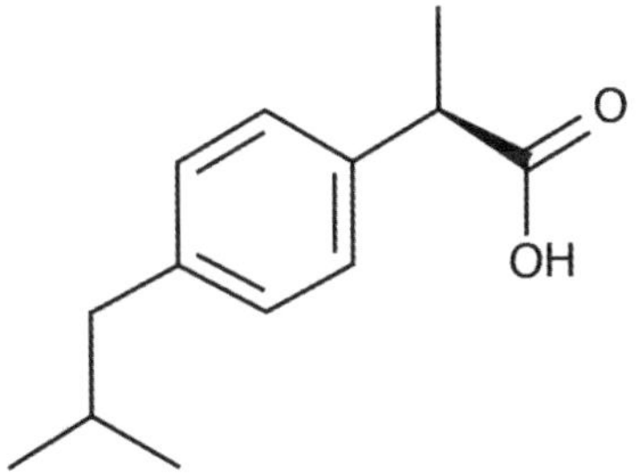

雖然兩者都是布洛芬，
卻是效用不同的藥物啊。

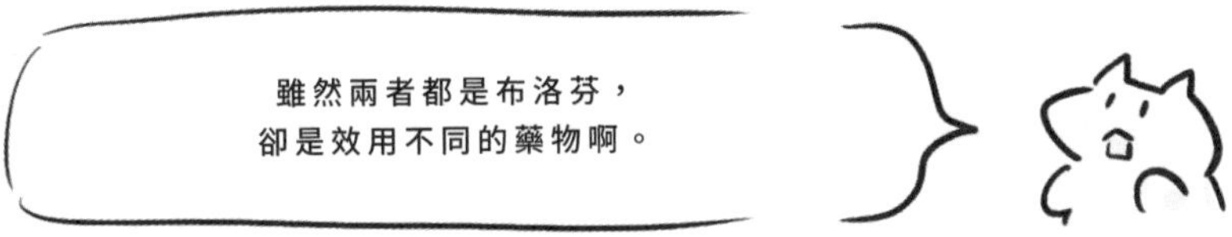

圖 3.9.2　具有光學異構物性質的藥物範例

　　光學異構物具有不同性質，像布洛芬是常見的頭痛藥，但只有 S-布洛芬可以消炎止痛，R-布洛芬並沒有這個效用。不對稱合成就可以製造像 S-布洛芬這種光學異構物，不對稱有機催化劑也能在此時派上用場，守護我們的健康

總整理

李斯特和麥克米蘭發現簡單又低價的有機化合物，可以在不對稱合成中發揮催化劑的效用。不只建立了不對稱有機催化的領域，也大大提升了製造藥物的效率。

\\ column/

接獲獎通知的電話時，得獎者們在做什麼呢？

揭曉諾貝爾獎名單的時候，諾貝爾基金會打電話通知得獎者。在接到電話的當下，有人正在咖啡廳寫論文、待在家、準備登機，也有人與共同得獎者在夜店（！）等等，各種場合五花八門。

像是在 2013 年因觀測到其提出的希格斯粒子而獲獎的希格斯，當時諾貝爾基金會一直聯絡不到他，掀起了一陣話題。原來他為了躲避媒體，那天出門時並沒有帶上電話。正因為是全球矚目的獎項，待在能讓自己感到平靜的地方似乎也很重要的樣子。

\\ column/

研究成就的使用方式

創立諾貝爾獎的諾貝爾是一位化學家，最有名的發明就是能引發巨大爆炸的炸藥。作為原料的硝化甘油是容易產生化學反應的危險物質，但同時也是心絞痛發作時的治療藥物。

諾貝爾獎等級的成就同樣具有兩面性，有時在研究者之間也需要訂定研究時的倫理規範。正因為具有巨大的影響力，使用方式便顯得相當重要。

第 **4** 章

改變歷史的重大發現

諾貝爾獎創立於 1901 年，
那在 1901 年前又有什麼研究成就
至今仍為人類帶來巨大貢獻呢？
現在就來看看這些改變了世界，
換到不同時代可能早就獲獎的發現與發明吧。

發現萬有引力定律

研究者	研究對象與概要

艾薩克‧牛頓
1643～1727
英國

萬有引力等同於地球的引力
| 1687 | 基礎 |

發現萬有引力定律。如同月亮和蘋果，天體行星與地表物體的運行也能以相同定律來解釋。是行星運行時必定遵守的定律，也有應用在人造衛星和探測機上。

為什麼月亮不會掉到地球？

蘋果會落到地面，為什麼月球不會掉到地球呢？牛頓的研究就可以回答這個問題。

1687年時[1]，牛頓發表了**萬有引力定律**，說明了具有質量的物體之間存在著相互吸引的力量。根據萬有引力定律，當質量越大、距離越近，物體之間的引力就會越大。

蘋果會落到地面，是因為蘋果與地球相互吸引；**月球不會掉到地球，則是受地球的萬有引力與圓周運動的離心力影響，就算想掉也掉不下來。**

萬有引力也有應用在人造衛星和太空探測上。像是探測行星時會用到一種名叫重力助推的技術，利用行星的重力來讓探測機加速。

萬有引力定律

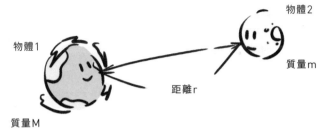

物體1

物體2

質量m

距離r

質量M

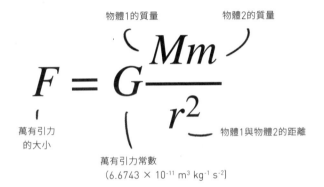

物體1的質量 物體2的質量

$$F = G\frac{Mm}{r^2}$$

萬有引力
的大小

物體1與物體2的距離

萬有引力常數
（6.6743×10^{-11} m³ kg⁻¹ s⁻²）

說明月球的繞行

也能讓探測機加速
（重力助推）

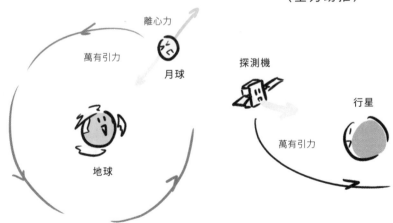

離心力

萬有引力

月球

探測機

行星

地球

萬有引力

圖 4.1.1 萬有引力定律與使用範例

第
4
章
改
變
歷
史
的
重
大
發
現

發明蒸氣機

湯瑪斯・紐科門
1663～1729
英國

詹姆斯・瓦特
1736～1819
英國

研究對象與概要

發明並改良實用型蒸氣機
| 1712、1769～1781 | 技術 |

打造全球第一台實用型蒸氣機。以煤炭作為燃料，透過燒水產生水蒸氣的過程獲得動力。起初是用於礦山的排水系統，經過改良後也能在工廠派上用場。

改變社會的技術革新

18世紀時，英國發生工業革命。工廠開始進行大規模生產，一夕改變了社會和經濟。工廠生產時的一大助力，就是利用水蒸氣運轉的引擎「蒸氣機」。

1712年時[2]，紐科門發明了第一台實用型蒸氣機。這種蒸氣機主要是作為煤礦排水系統的動力。後來瓦特改良了紐科門的蒸氣機，加強穩定性和耐用度，**讓蒸氣機也能在工廠生產時派上用場**，為工業革命核心產業的紡織業帶來動力。

19世紀開始出現蒸氣火車，從時刻表的制定可得知當時統一了原本標準不一的各地時間。實用型蒸氣機的誕生，讓人們的生活有了一百八十度的轉變[2]。

1712 年　發明紐科門蒸氣機

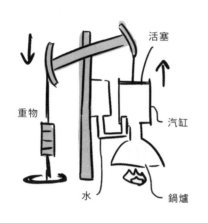

活塞

重物

汽缸

水

鍋爐

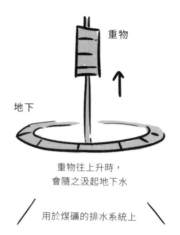

重物

地下

重物往上升時，
會隨之汲起地下水

用於煤礦的排水系統上

1769 ～ 1781 年　發明瓦特蒸氣機

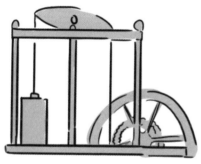

・用水保持汽缸的熱度，提升效率
　（1769年）

・改良成可以進行旋轉運動（1781年）

持續進行研發，用於蒸氣火車等設備上

蒸氣火車

蒸氣船

圖 4.2.1　實用型蒸氣機與使用範例

發現二氧化碳

研究者	研究對象與概要

約瑟夫・布拉克
1728 ～ 1799
英國

發現氣體

| 1756 | 基礎 |

史上首次找到有別於空氣的其他氣體，在
18 世紀開啟了相繼發現新氣體的時代。

掌握肉眼看不到的無形之物

我們的生活周遭充滿著空氣，但幾乎無法以肉眼看到。如果
對空氣一無所知，想必很難發現到大氣中的氧氣和二氧化碳吧。

布拉克在 1756 年時，**發現了化學性質與空氣不同的氣體**，
並命名為「固定空氣」。這個固定空氣，其實就是我們現在所知
的二氧化碳。

布拉克是在化學反應的實驗中發現二氧化碳。加熱鹽基性碳
酸鎂的時候，他注意到重量和性質起了變化，便建立了一個假
說：因為有某種氣體來來去去，才會讓鹽基性碳酸鎂產生變化。
後來透過實驗，成功證實了這個氣體的性質與空氣不同[※3]。

在此之後，氫氣、氧氣和氮氣也相繼被發現，**是掀起氣體發
現潮的研究成就**。

為什麼重量會改變？

在此之後，18 世紀掀起了氣體發現潮

1766年　　發現氫氣（凱文迪西）
1772年　　發現氮氣（拉塞福）
1774年　　發現氧氣（普里斯利）

圖 4.3.1　從質量變化察覺氣體的存在

全球第一件疫苗報告

研究者

愛德華・詹納
1749～1823
英國

研究對象與概要

開發牛痘種痘法
| 1796 | 應用 |

發現當人感染了名叫牛痘的傳染病時，就
不會染上天花。猜測牛痘的某種物質可以
預防罹患天花，並實際接種到人體，最後
證實牛痘患者的確不會染上天花。

▍消滅天花的疫苗始祖

要預防傳染病時，疫苗接種是常見手法之一。這是透過接種
弱化的病毒，事先獲得免疫的防治法。全球首次出現「疫苗」一
詞，就是在18世紀的時候

天花是奪走眾多性命的傳染病，另外還有一種名叫牛痘的類
似疾病。**當時有報告指出：因擠牛奶罹患牛痘的人都沒有染上
天花**。於是詹納在1796年採集了牛痘患者的水泡液體，大膽地
接種到8歲孩童身上。最後，真的發現這個孩童不會染上天花。

這個方法稱為**牛痘種痘法**，在世界各地廣為流傳。後來繼續
發展成疫苗，終於在1980年※4成功消滅了天花。

什麼是天花？

- 天花病毒引發的傳染病
- 致死率高達30%
- 在1977年被疫苗消滅

牛痘與天花的關聯

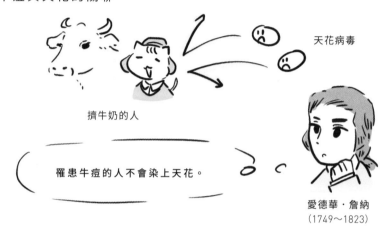

天花病毒

擠牛奶的人

罹患牛痘的人不會染上天花。

愛德華・詹納
（1749～1823）

實際接種

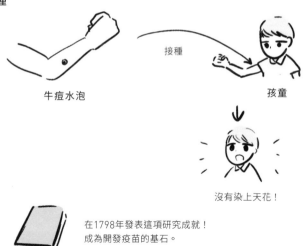

牛痘水泡

接種

孩童

沒有染上天花！

在1798年發表這項研究成就！
成為開發疫苗的基石。

圖 4.4.1　詹納開發了牛痘種痘法

挖 掘 出 蛇 頸 龍 的 化 石

研究者

瑪莉・安寧
1799 ～ 1847
英國

研究對象與概要

**挖掘並分析化石，
曾挖出完整的蛇頸龍化石**

│ 1823 │基礎│

挖掘並分析了為數眾多的重要化石，甚至
曾挖掘出早已被預言存在，全球第一個完
整的蛇頸龍化石。

挖掘化石的權威

1821年時，學者們預測有一種介於鱷魚與魚龍之間的生
物，並命名為蛇頸龍（plesiosaurus）。到了1823年，安寧在
英國一處名叫萊姆・吉斯的小鎮海岸，挖出了**全球第一個完整
的蛇頸龍化石。**

當時，人們還不相信古生物會隨著時間演化至近代。即使發
現從未見過的生物化石，也不覺得是來自演化歷程，而是認為
和現存生物一樣，都是原本就出現在地球上，並在歷史洪流中滅
絕。

透過安寧挖掘的化石，成功堆疊出**地球上存在過古生物的事
實。**安寧的發現，為後來的演化論奠定了基礎[※5]。

～發現世界第一個蛇頸龍化石的歷程～

1821 年　預言了蛇頸龍的存在

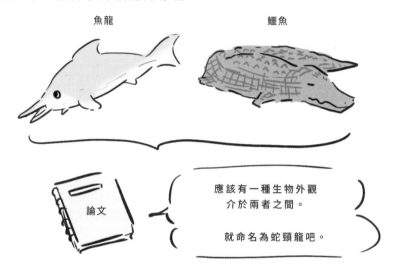

魚龍　　　　　　　　　　　鱷魚

論文

應該有一種生物外觀
介於兩者之間。

就命名為蛇頸龍吧。

1823 年　挖掘出完整的蛇頸龍化石

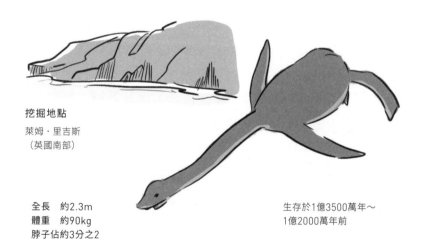

挖掘地點
萊姆・里吉斯
（英國南部）

全長　約2.3m
體重　約90kg
脖子佔約3分之2

生存於1億3500萬年～
1億2000萬年前

也發現了其他為數眾多的重要化石，為古生物學帶來了貢獻。

圖 4.5.1　發現蛇頸龍的完整化石

提 出 細 胞 學 說

馬蒂亞斯·
雅各布·許來登
1804 ～ 1881
德國

泰奧多爾·
許旺
1801 ～ 1882
德國

研究對象與概要

拓展至動植物的細胞學說
｜ 1838 ｜ 基礎 ｜

提出細胞學說，認為細胞是建構生物的基
本單位。無論是動、植物都有細胞，生物
是由細胞和細胞製造的物質所組成。

羅伯特·虎克發現細胞 200 年後

　　1665年[※6]，英國科學家羅伯特·虎克發現了細胞。虎克用
自製的顯微鏡觀察軟木塞，發現內部區分成許多小房間。於是他
以**希臘文的小房間（cella），將這些命名為細胞（cell）**。在
這項發現過了大約200年後，許來登和許旺提出了所有生物都是
由細胞組成的細胞學說。

　　許來登原本是名律師，在峰迴路轉之下轉而成為自然科學
家。他用顯微鏡觀察植物後，認為是細胞建構了植物。隔年，生
理學家許旺將許來登的主張拓展至動物，建立**生物都是由細胞
組成**的細胞學說。在生物學、醫學等領域上，許來登與許旺的學
說成為生命相關科學的基礎，對研究和醫療而言是不可或缺的概
念

1665 年，發現細胞

羅伯特·虎克
用顯微鏡觀察軟木塞

有好多個小房間……！
就命名為細胞（cell）吧。

軟木塞放大圖

大約 200 年後，出現了細胞學說

植物細胞

癌細胞

免疫細胞

iPS細胞

神經細胞

在研究生物體時，
細胞是相當重要的元素。

圖 4.6.1 在生物學史上，也是 19 世紀特別重要的一項研究成就

提 出 天 擇 學 說

研究者

查爾斯·
羅伯特·
達爾文

1809～1882
英國

研究對象與概要

提出天擇學說

| 1859 | 基礎 |

主張天擇學說（適者生存），認為生物會
誕生出性質稍有差異的個體，只有適應環
境者才能存活下來。

物競天擇、適者生存

達爾文從1831年開始，搭著英國探測船「小獵犬號」周遊
世界各地長達5年※7。這段期間，他造訪了南美洲以西的加拉巴
哥群島，並在島上觀察生物。此時他發現在各座島上，雀鳥的鳥
喙和象龜的龜甲形狀都有些差異。

從加拉巴哥群島的觀察結果來看，達爾文認為相同物種也會
誕生出特徵稍有差異的個體，在大自然中以適者生存的方式讓物
種持續演化。這項理論就稱為**天擇學說**。

在達爾文1859年出版的著作《物種起源》，就有介紹到天
擇學說。在1830年左右的歐洲，人們一直深信是神創造了萬
物，然而**天擇學說徹底顛覆這個世界觀，以科學角度研究了生
物演化的過程。**

搭乘小獵犬號環遊世界，前往加拉巴哥群島

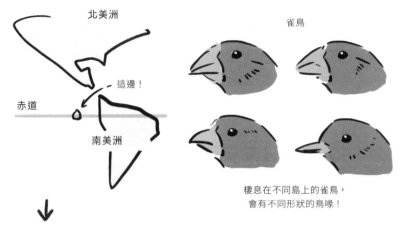

北美洲

雀鳥

這邊！

赤道

南美洲

棲息在不同島上的雀鳥，
會有不同形狀的鳥喙！

天擇學說（適者生存）

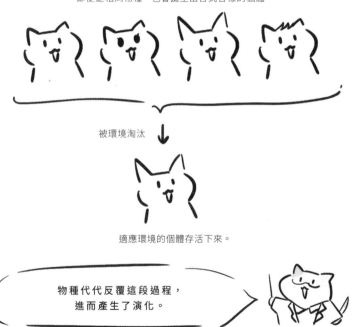

即便是相同物種，也會誕生出各式各樣的個體。

被環境淘汰

適應環境的個體存活下來。

物種代代反覆這段過程，
進而產生了演化。

圖 4.7.1　以演化的概念說明了生物多樣性

third第

4

章

改變歷史的重大發現

提 出 馬 克 士 威 方 程 組 的 公 式

研 究 者

詹姆斯‧
克拉克‧
馬克士威

1831～1879
英國

研 究 對 象 與 概 要

將電磁學的基本定律化為公式

│ 1864 │ 基礎 │

以四個方程式呈現電力與磁力的基本關係，可預測電場和磁場會隨時間出現什麼樣的變化和分布方式。透過這個方程式，預言了電磁波的存在。

▍化作方程式，發現電磁波

　　電力和磁力的相關研究是從實驗展開。透過實驗，得知磁鐵會在電流周圍產生反應，以及電流會在磁鐵靠近線圈時流經線圈。

　　馬克士威在1864年[※8]用數學呈現了**電力和磁力的相關定律**，並整理成四個方程式。另外也從有電場就有磁場、有磁場就有電場的關係中，預測電場和磁場會以波動的形式呈現變化。

　　這種波動稱為**電磁波**，在我們的生活中有廣泛的用途。像日光就是一種電磁波，通訊技術也需要電磁波傳送訊號。另外還有微波爐，則是利用名叫微波的電磁波來加熱食物

馬克士威方程式

將電磁力的定律化為公式

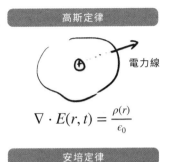

高斯定律	高斯定律（磁場）

電力線

$$\nabla \cdot E(r, t) = \frac{\rho(r)}{\epsilon_0}$$

$$\nabla \cdot B(r, t) = 0$$

安培定律	法拉第電磁感應定律

電流

磁場

磁場

電流

$$\nabla \times B(r, t) = \mu_0[i(r, t) + \epsilon_0 \frac{\partial E(r, t)}{\partial t}]$$

$$\nabla \times E(r, t) + \frac{\partial B(r, t)}{\partial t} = 0$$

電磁波

呈現電場與磁場變化的波動

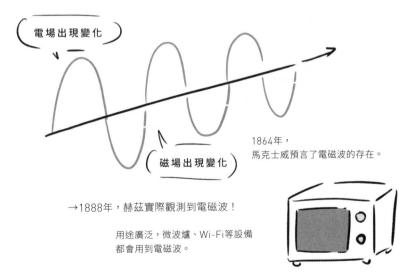

電場出現變化

磁場出現變化

1864年，
馬克士威預言了電磁波的存在。

→1888年，赫茲實際觀測到電磁波！

用途廣泛，微波爐、Wi-Fi等設備
都會用到電磁波。

圖 4.8.1　因為建立方程式，拓展了研究與用途的範圍

4.9

預測未知元素的存在，
元素性質的規律？

建 立 元 素 週 期 律

研究者

德米特里·
伊萬諾維奇·
門得烈夫

1834～
1907
俄國

尤利烏斯·
洛塔爾·
邁爾

1830～
1895
德國

約翰·亞歷
山大·雷納·
紐蘭茲

1837～
1898
英國

研究對象與概要

建立與改良元素週期律 | 1865～1871 | 基礎 |

按照原子量大小依序將元素排列成表，發現元素性質有週期性的規律變化。又根據其中
的空格預測未知元素的存在。在幾年後，就發現了可填入該空格的元素。

統率元素世界的規律

按照原子量大小依序排列元素後，得知各個元素的性質會按
照順序逐漸改變。把幾個元素組成一個集合，下一個集合又會再
度出現週期性的變化。這就稱為元素的週期律，是由多位科學家
發現到的現象。

在1865年，紐蘭茲將62個元素按照原子量依序分類，發現
每隔7個元素就會出現性質相似的元素。1868年時，邁爾分類
元素並製作成元素表；到了1871年，門得烈夫完成了接近現今
的週期表。此時的週期表上雖然還有空格，後來便發現這些空格
分別為鎵、鍺、鈧[9]。這個列表便成為了化學發展的基礎。

19世紀初期〜 盛行把元素分門別類的研究

1865 年　紐蘭茲提出八音律

按照原子量依序排列元素後，
每隔 7 個就會出現性質相似的元素

DoReMiFaSoLaSiDo←7個音成一個循環
雖然當時也有提出其他分類法，但遲遲沒有定案……

1871 年　門得烈夫發表了改良版的週期表

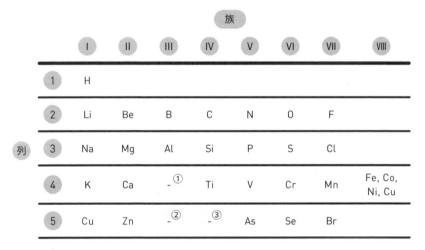

族							
I	II	III	IV	V	VI	VII	VIII
H							
Li	Be	B	C	N	O	F	
Na	Mg	Al	Si	P	S	Cl	
K	Ca	-①	Ti	V	Cr	Mn	Fe, Co, Ni, Cu
Cu	Zn	-②	-③	As	Se	Br	

（左側標示：族／列，列 1〜5）

排列方式類似今的週期表

預知未知元素

①類硼　　　　②類鋁　　　　③類矽

Sc　　　　Ga　　　　Ge
鈧　　　　　鎵　　　　　鍺

→ 進而發現原子結構和新元素

圖 4.9.1　不只有門得烈夫在製作週期表

\\ column/

名師出高徒，得獎者栽培出得獎者？

在國內外有許多有關諾貝爾獎得主的書，其中羅伯特・卡尼格爾的著作《天才的學徒：建構叱吒風雲的科學王朝》（Apprentice to Genius: The Making of a Scientific Dynasty）就特別著眼在科學家的師徒關係。

俗話說名師出高徒，許多諾貝爾獎得主也是師承過去的得獎者。在日本也是一樣。像是在 2015 年因為研究微中子而獲獎的梶田隆章，就是拜觀測到微中子的小柴昌俊為師。

\\ column/

幽默有趣的搞笑諾貝爾獎！

在 1991 年，諾貝爾獎正式發表的前 1 個月，有人創立了一個名叫搞笑諾貝爾獎的獎項。這是諧仿諾貝爾獎，專門頒發給能夠帶來歡笑，又可以發人深省的研究。

與諾貝爾獎不同的是，搞笑諾貝爾獎的獎項領域會隨時增加，頒獎典禮上還有紙飛機飛舞，獎金為 10 兆辛巴威幣。這個金額看似龐大，其實換算成日幣只有幾圓而已。2021 年是在線上舉辦頒獎典禮，得獎者不會獲得實體獎盃，而是收到紙模獎盃設計圖的 PDF 檔案。得獎有何意義？研究的本質又是什麼？搞笑諾貝爾獎發揮了幽默創意，讓我們反思這些問題的答案。

第 5 章

未 來 的 諾 貝 爾 獎

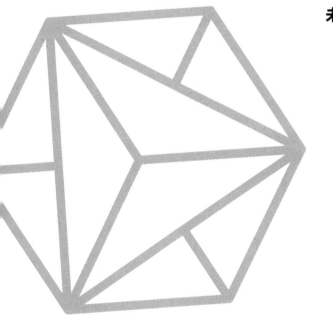

即使到了現在，
研究者們仍不斷在做科學研究。
在這個章節中，
我以個人觀點嚴選了幾個如果成功，
或許有機會獲得諾貝爾獎的研究。
未來的諾貝爾獎究竟會頒發給什麼樣的研究呢？

將人工光合作用實用化

研究對象與概要

人工光合作用的重現與應用 ｜應用｜

是重現植物的光合作用，利用光與二氧化碳製造有益物質和能源的方法。未來可望解決
地球暖化與能源缺乏的課題。

在未來就算不是植物，也能進行光合作用

植物會利用水、二氧化碳和光製造出葡萄糖和氧，這就稱為
光合作用。人工光合作用就是以人工技術重現光合作用。不僅
可望抑制因二氧化碳排放量造成的地球暖化，也被視為未來解決
全球能源短缺的方法。

像是光合作用的詳細過程、利用光製造化合物的方式，甚至
還有以光合作用發電的方法等等，這些都屬於人工光合作用的研
究主題[1]，並從1970年代[2]開始有了顯著進展。

如果真的有了實用性的結果，未來可望利用二氧化碳和陽光
製造出包含葡萄糖在內的有用物質，或是利用陽光分解水，有效
率地生產氫等等[1]。仿效植物的作為，或許能為人類社會帶來莫
大的改變。

什麼是光合作用?

二氧化碳與光合成出有機物

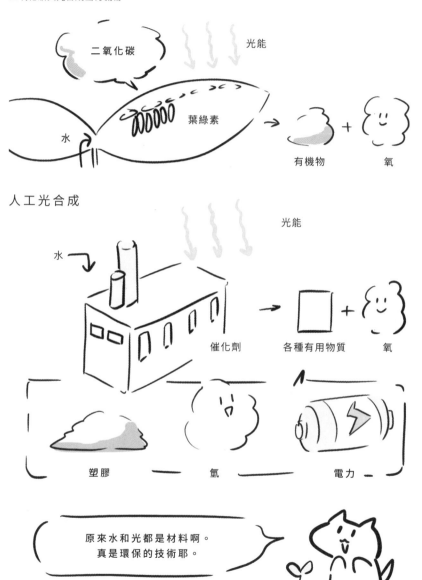

人工光合成

圖 5.1.1 以水、光、二氧化碳作為能源,合成出有用物質

開發把海水變為飲用水的技術

研究對象與概要

發明簡易的海水淡化技術　│技術│

飲用水短缺是全球的共同課題，人們期望開發出不需大型設備和龐大成本，便能淡化海水的技術，並且實用化。若能開發成功，或許就能輕鬆地將地球的大量海水轉換成可飲用的淡水。

▎用海水製造可以喝的飲用水

人體大約有60％是由水組成，飲用水就是人類生存的必要條件。我們居住的這個地球有水行星之稱，70％的地表被水覆蓋。但如果直接飲用海水，會造成體內鹽分濃度過高，出現身體不適的現象。**人體需要的，是不含鹽分的淡水才對。**

約從1950年代開始[※3]，已有科學家在研究用海水製造淡水的方法，並在沙漠遍布的中東地區、美國、中國等地**邁入實用化**。像是加熱海水蒸發水分，或是利用滲透作用過濾鹽分等方法。

然而，建造大型設備的金錢費用與淡化海水的時間成本成為難題，現在需要的是更簡便的淡化手法。也許在未來，任何人都能立刻製造出可以飲用的淡水。

淡水資源短缺

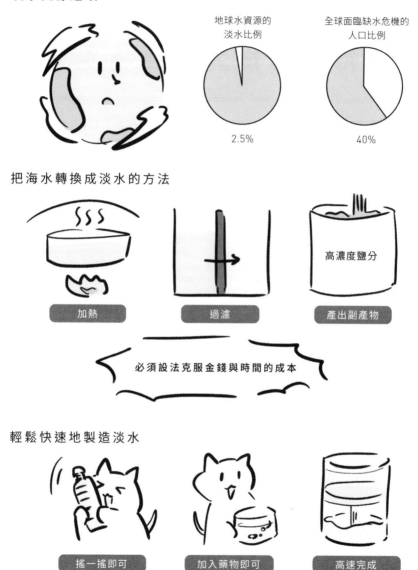

地球水資源的
淡水比例

2.5%

全球面臨缺水危機的
人口比例

40%

把海水轉換成淡水的方法

高濃度鹽分

加熱

過濾

產出副產物

必須設法克服金錢與時間的成本

輕鬆快速地製造淡水

搖一搖即可

加入藥物即可

高速完成

若能再克服副產物的課題,
也許就能解決全球淡水資源短缺的現況。

圖 5.2.1 目前全球還有很多人難以取得飲用水

5.3 | 銀河系是如何組成的？

黑 洞 與 銀 河 系 的 形 成 歷 程

研究對象與概要

查明銀河系與黑洞形成的關係 | 基礎 |

銀河系是由宇宙的塵埃和氣體匯集而成。目前猜測所有銀河系中心都存在著黑洞，但還不曉得是先有銀河系還是先有黑洞。若能解開這個謎團，探討銀河系誕生歷程的研究便能跨出重要的一步。

▌銀河系的中心有黑洞

黑洞是個質量龐大的天體，會以強大重力吸走周圍所有物質，甚至連光也不放過。

2020年的諾貝爾物理學獎，就頒發給了黑洞主題的研究[※4]。根據理論和觀測結果，已間接得知黑洞似乎就在銀河系的中心位置，位於名叫人馬座A*的星體附近。

2022年時，終於出現成功拍攝到**人馬座A*附近黑洞**的報告[※5]。在不停發展的研究中，目前尚未查明**黑洞與銀河系形成的關係**。究竟是先出現超大質量的黑洞，周圍的塵埃再匯集成銀河系呢？還是在銀河系形成的過程中，其他物質組成了黑洞呢？如果能找到答案，對於我們所在銀河系的形成歷程又會有更進一步的了解。

150

什麼是黑洞？

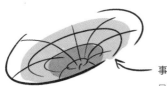

- 超大質量的天體
- 在星體壽命終結時的爆炸
  （超新星爆炸）中產生

事件視界
只要越過這個邊界，
連光也無法脫身

銀河系與黑洞

榮獲2020年的諾貝爾獎
銀河系的中心好像存在著黑洞！

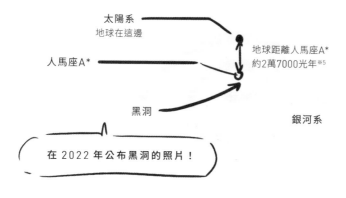

太陽系
地球在這邊

人馬座A*

地球距離人馬座A*
約2萬7000光年[※5]

黑洞

銀河系

在 2022 年公布黑洞的照片！

銀河系中心的黑洞是如何形成的呢？

先有銀河系　　　　　　　先有黑洞

到底誰先形成？至今仍是個謎團！

圖 5.3.1　銀河系與黑洞之間的關係尚未釐清

第 **5** 章　未來的諾貝爾獎

全 身 麻 醉 的 詳 細 機 制

研究對象與概要

解開麻醉的機制 │ 應用 │

全身麻醉會對大腦、脊髓等中樞神經產生作用，出現麻痺的效果。關於麻醉的機制，目前尚未徹底釐清。若能完整了解其中的奧秘，或許就可以更加安全地實施全身麻醉。

對神經元產生作用？分子級的麻醉機制

全身麻醉可以緩解手術時的痛楚和不適感，會對大腦、脊髓等中樞神經產生作用，具有穩定情緒、讓人失去意識和痛覺、放鬆肌肉等效用。然而實際上，現在尚未徹底釐清全身麻醉的詳細機制。

中樞神經是由神經元組成，神經傳遞物會在神經元之間傳遞資訊。根據目前的研究，已知**麻醉會對神經元表面的受器產生作用**。在研究中特別受關注的焦點，是名叫GABA（γ-氨基丁酸）的神經傳遞物。GABA會阻斷神經元之間的電訊號，未來可望有助於解開麻醉機制的謎團[6、7]。

關於全身麻醉，現在已知大約每1000人會有1人[7]處在微弱的清醒狀態。只要今後再進一步查明機制，或許就能讓全身麻醉過程更具效果且安全。

麻醉的效果

麻醉的機制

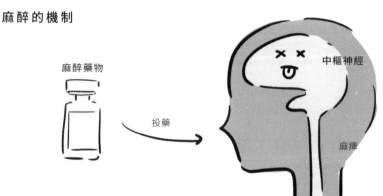

再觀察得仔細一點⋯⋯

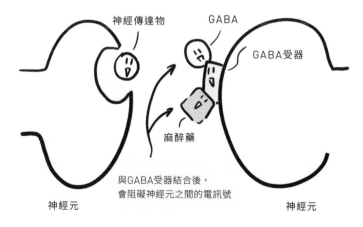

圖 5.4.1　猜測麻醉是對神經元表面的受器產生作用

揭開暗物質的真面目

研究對象與概要

預測與觀測構成暗物質的粒子　｜基礎｜

暗物質是佔據了 25%宇宙空間的不明物質。雖然有各種間接證據顯示了暗物質的存在，但是至今尚未實際觀測到。若能揭開暗物質的真面目，可望更加了解宇宙形成的過程。

┃ 儘管肉眼看不見，但是一定存在

科學家認為95%的宇宙是由不明物質組成。其中在整個宇宙佔據4分之1空間的物質就是**暗物質**[※8]。

我們人類是捕捉物質釋放的電磁波進行觀測，但有些現象卻無法單以釋放電磁波的物質來解釋。

舉例來說，我們所在的銀河系是以每秒200km左右的速度[※9]在旋轉。銀河系越明亮的部分旋轉得越快，但後來發現黑暗的部分其實也是以一致速度在旋轉。因此可推論**其中有某種不會釋放電磁波，質量又龐大的東西**，也就是暗物質的存在。

現在猜測一種名叫「超中性子」的新基本粒子，可能就是暗物質的真面目[※10]。假如真的成功掀開暗物質的神秘面紗，對於銀河的形成可望會有更多了解。

宇宙的組成

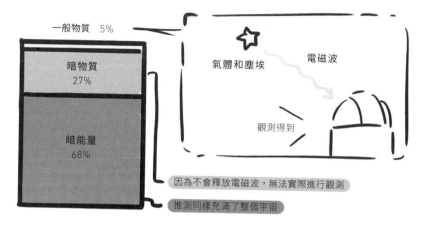

一般物質 5%

暗物質
27%

暗能量
68%

氣體和塵埃

電磁波

觀測得到

因為不會釋放電磁波，無法實際進行觀測

推測同樣充滿了整個宇宙

銀河系與暗物質

明亮的地方越重，
旋轉速度越大。

但是根據觀測結果……

快

慢

速度差不多

外圍較暗
→應該會變慢

外圍的旋轉速度幾乎不變
→有什麼看不見的存在！

新基本粒子「超中性子」

• 可能是暗物質的真面目。

• 僅有質量，不會與質子和中子產生作用。

• 目前尚未實際觀測到。

圖 5.5.1　暗物質與暗能量的身分依然成謎

5.6 | 不會耗損電能的夢幻技術?

釐清高溫超導

研究對象與概要

解開高溫超導的成因 | 應用 |

當物質的電阻為零,產生排斥磁場的現象稱為超導現象。若可以解開超導的成因,並利用與日常生活無異的溫度和壓力達成超導現象,也許就能更有效率地使用電能了。

不必降溫也不會耗損電能

電阻是顯示電流有多難流動的數值。電阻越大,電流傳輸時耗損的電能越大。所以當電阻為零時,過程中就不會耗損電流。

在**超導現象**中,物質的電阻會成為零。1911年時,發現4.15K(−269.15°C)[11]的溫度會引發超導現象。假如在室溫下就能產生超導,表示不需降溫也能讓電阻變成零。於是科學家開始試圖以接近室溫的高溫引發超導現象。最後在2020年,發現有物質在施加267GPa(約大氣壓的264萬倍)的壓力後,就能以287.7K(約15°C)的溫度引發超導現象[12]。

然而,目前還尚未釐清超導的所有成因。等查明清楚後,或許就可以**更加發揮電能的功效**。

什麼是超導現象？

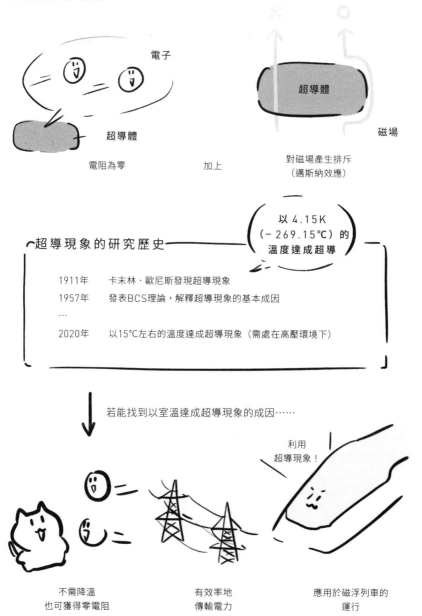

電子

超導體

超導體

電阻為零

加上

磁場

對磁場產生排斥
（邁斯納效應）

以 4.15K
（−269.15℃）的
溫度達成超導

超導現象的研究歷史

1911年　　卡末林・歐尼斯發現超導現象

1957年　　發表BCS理論，解釋超導現象的基本成因

…

2020年　　以15℃左右的溫度達成超導現象（需處在高壓環境下）

若能找到以室溫達成超導現象的成因……

利用
超導現象！

不需降溫
也可獲得零電阻

有效率地
傳輸電力

應用於磁浮列車的
運行

圖 5.6.1　只要查明高溫超導的成因，便能更接近實用化的階段

釐清進行有性生殖的原因

研究對象與概要

查明有性生殖的起源 ｜ 基礎 ｜

在生物的繁殖手法中，由雌雄兩性進行繁殖的方式稱為有性生殖。這個方式會重組雙方的基因，誕生出具有其他特徵的個體。只是至今還不曉得為何會出現需要有性生殖的生物，也不知道為什麼會有性別之分。

▌讓個體更加多樣化的策略

生物的繁殖方式主要分為兩種，一種是**有性生殖**，另一種則是無性生殖。

進行有性生殖的生物有雌雄之分，會重組兩者的基因誕生出新個體。而**無性生殖**則是由單一基因的個體製造出眾多個體。

有性生殖會孕育出各式各樣的個體，有提高生存機率的優勢。不過相對來說，繁殖速度無法像無性生殖的生物那麼快速[13]。

目前還不曉得為何會出現繁殖速度緩慢的有性生殖，也不知道生物為何有性別之分。如果能解開這個謎團，想必我們對於生物（包含人類在內）又會有更進一步的了解。

有性生殖

具有雌雄之分，會重組基因

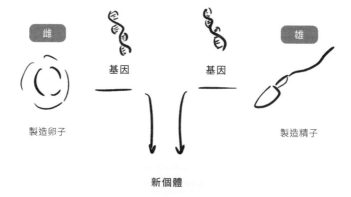

優點

誕生出各式各樣的個體

提高整個物種的生存機率

缺點

無法快速增加個體數量

假如病原體迅速增加例如：
大腸桿菌20分鐘可增加2倍數量。

如果繁殖不出數量足夠的多樣化個體，
物種可能會遭到滅絕。

> 現在還不曉得為何有些生物
> 有性別之分啊。

圖 5.7.1　目前還不清楚為何會出現有性生殖的繁殖方式

實 現 太 空 電 梯 的 目 標

研究對象與概要

太空電梯的實用化 ｜ 技術 ｜

太空電梯是利用纜繩,從地表帶著人或物品前往宇宙的運輸方式。在準備材料和營運手法上,目前還有許多有待解決的課題。如果真的能實現這個目標,或許就能以平易價格來一趟太空之旅。

▍材料開發成為一大關鍵

　　我們與宇宙的距離已經變得越來越近了。1990年時,擔任記者的秋山豐寬成為第一個登上太空的日本人;在2021年,成功完成了僅有一般人士搭乘的太空之旅。

　　至今前往宇宙的交通工具大多是火箭或太空梭,但其實在1960年代就出現了**太空電梯**的構想。這是試圖以全長數萬公里[※14]的纜繩,從地表移動到宇宙的嶄新手法。

　　要達成這個目標,必須先保證**纜繩不會在建造和運行途中斷掉**。在1991年研發的奈米碳管具有輕巧堅固的特性,曾經獲得高度的關注,但是太空電梯**需要更強韌的材料**。

　　假如真的開發成功,便能以更便宜的價格運輸物資。說不定以後不管是誰,都能輕鬆地搭著電梯前往宇宙。

太空電梯

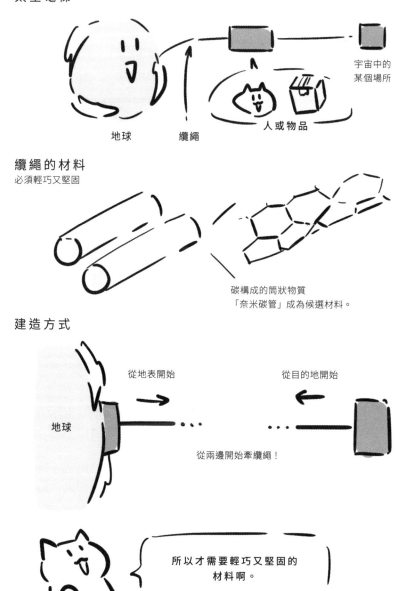

宇宙中的
某個場所

地球　　　纜繩　　　人或物品

纜繩的材料
必須輕巧又堅固

碳構成的筒狀物質
「奈米碳管」成為候選材料。

建造方式

從地表開始　　　　　　　從目的地開始

地球

從兩邊開始牽纜繩！

所以才需要輕巧又堅固的
材料啊。

圖 5.8.1　分別從地球和宇宙牽起纜繩來建造

5.9 | 更安全的治療方法？

研 發 m R N A 藥 物

研 究 對 象 與 概 要

研發 mRNA 藥物 | 技術 |

mRNA 藥物指的是使用人工合成 mRNA 的藥物，致癌風險比以往利用 DNA 的基因療法更低。假如 mRNA 藥物成功邁入實用化，或許就能讓基因療法變得更加安全。

▍運用 DNA 的複製性質，安全地治療疾病

mRNA（信使核糖核酸）是由DNA複製而成的物質，具有DNA的基因資訊，細胞內部會根據mRNA掌握到的情報來製造蛋白質。

以往的基因療法，主要是利用DNA來進行治療。但是這個方法的一大課題，就是必須讓DNA進入細胞核，容易增加致癌的風險。

mRNA的基因療法則是**在細胞內部製造出需要的蛋白質，不會直接牽涉到DNA**。這種方式不但能降低致癌風險，也適用於任何細胞，可以製造出各式各樣的蛋白質。

不過相對地，mRNA在生物體內容易遭到破壞，或是被免疫系統判斷為異物，引發強烈的免疫反應。要如何順利達到目的並發揮作用，便成為研究的重要焦點[※15]。

162

治療遺傳性疾病

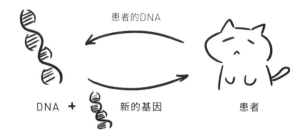

DNA 基因療法面臨的課題

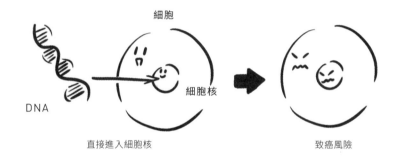

mRNA（信使核糖核酸）

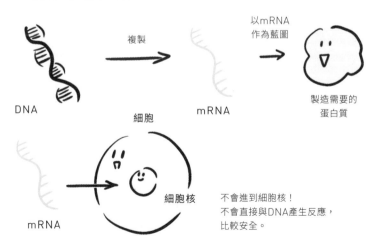

圖 5.9.1　mRNA 會在細胞內部成為所需蛋白質的藍圖

結語

　　我是作者Kakimochi，十分感謝各位閱讀到這裡。多虧大家的支持，讓我順利推出了第2本著作。

　　提到諾貝爾獎，不曉得你的腦中會浮現出什麼印象？對於很少接觸科學的人來說，可能只是突然出現在新聞中的厲害獎項。但是換成了科學迷，一定有人會覺得是一場重大盛事吧。

　　在我對科學感興趣以前，諾貝爾獎在我眼中並不是什麼大事，我頂多只會在心裡想著「是哦」。

　　然而，當我在高中選修了物理，並在大學鑽研物理學的過程中，我慢慢發現諾貝爾獎與自己所學的內容產生了關聯，開始感到越來越有意思。

　　每年10月會發表諾貝爾獎的得獎名單。在這個時候，就會出現許多預測得獎者和獲獎消息的相關報導。當日本人一得獎，立刻就會成為大新聞，報章雜誌也會刊載大篇幅的文章。

　　但在喜悅的同時，既然諾貝爾獎是頒發給為人類帶來重要貢獻的科學家，不管是哪個國家的人得獎，都希望大家都能為此感到歡喜！

　　因此本書精選的知名科學家並非只有日本人，為的就是輕鬆地向大家介紹各種榮獲諾貝爾獎的研究。

如果大家能夠稍微覺得「原來這些研究成就這麼貼近生活」、「其實諾貝爾獎還蠻有趣的」，就會讓我感到無比幸福了。

　　最後，我要對支持我完成本書的大家致上謝意。翔泳社的負責人繼第一本書之後，仍然時時鼓勵著下筆緩慢的我，協助我完成更好的文章。

　　另外，也要感謝聲援我的每個人、家人及朋友。在SNS追蹤我的粉絲們，也守候著我完成著作。

　　當然最重要的，就是衷心感謝拿起本書的你。希望不管是科學還是諾貝爾獎，都能夠在你心中留下一些美好的印象。

　　科學是人類創造的豐富的文化。
　　期盼各位的日常生活，能與科學形成一段美妙的關係！

2022年9月　KAKIMOCHI

參 考 文 獻

第 1 章　諾貝爾生理醫學獎

※1　『20世紀の顕微鏡』，『科学史事典』，日本科学史学会編，丸善出版，p.84

※2　"Willem Einthoven-The Father of Electrocardiography", MARK E. SILVERMAN, M.D, Clin. Cardiol, 1902, 15, p.786

※3　"The Nobel Prize in Physiology or Medicine 1930 Award ceremony speech" ノーベル賞ウェブサイト

https://www.nobelprize.org/prizes/medicine/1930/ceremony-speech/

※4　『急性中耳炎』，MSD マニュアル家庭版

https://www.msdmanuals.com/ja-jp/%E3%83%9B%E3%83%BC%E3%83%A0/19-%E8%80%B3%E3%80%81%E9%BC%BB%E3%80%81%E3%81%AE%E3%81%A9%E3%81%AE%E7%97%85%E6%B0%97/%E4%B8%AD%E8%80%B3%E3%81%AE%E7%97%85%E6%B0%97/%E6%80%A5%E6%80%A7%E4%B8%AD%E8%80%B3%E7%82%8E

※5　『講座：世の中を変えた反応・材料・理論 發現盤尼西林から製品化までの道のり』梶本哲也，化学と教育，2019, 67巻, 11号, p.550-553

※6　『グラム陽性細菌の概要』，MSD マニュアル家庭版

https://www.msdmanuals.com/ja-jp/%E3%83%9B%E3%83%BC%E3%83%A0/16-%E6%84%9F%E6%9F%93%E7%97%87/%E7%B4%B0%E8%8F%8C%E6%84%9F%E6%9F%93%E7%97%87%EF%BC%9A%E3%82%B0%E3%83%A9%E3%83%A0%E9%99%BD%E6%80%A7%E7%B4%B0%E8%8F%8C/%E3%82%B0%E3%83%A9%E3%83%A0%E9%99%BD%E6%80%A7%E7%B4%B0%E8%8F%8C%E3%81%AE%E6%A6%82%E8%A6%81

※7　『分子生物学の時代』，『科学史事典』，日本科学史学会編，丸善出版，p.202

※8　"The structure of sodium thymonucleate fibres. I. The influence of water content.", FRANKLIN, Rosalind E., GOSLING, Raymond, George Acta Crystallographica, 1953, 6.8-9, p.673-677

http://scripts.iucr.org/cgi-bin/paper?S0365110X53001939

※9　『利根川進博士のノーベル賞受賞に寄せて』，小山次郎，ファルマシア，1988, 24(2), p.182-183

※10 "Human assembly and gene annotation" Coding genes, Ensembl Project ウェブサイト
http://asia.ensembl.org/Homo_sapiens/Info/Annotation

※11 "Susumu Tonegawa Facts", ノーベル賞ウェブサイト
https://www.nobelprize.org/prizes/medicine/1987/tonegawa/facts/

※12 "Commonality despite exceptional diversity in the baseline human antibody repertoire.", Briney, B., Inderbitzin, A., Joyce, C. et al., Nature, 2019, 566, p.393-397
https://doi.org/10.1038/s41586-019-0879-y

※13 『特集（氣味とフェロモンがつむぐ空間コミュニケーション）嗅覚受容体が氣味を認識する分子機構』, 堅田明子, 氣味・かおり環境学会誌, 2005, 36 巻 3 号 p. 126-128

※14 "Richard Axel Nobel Lecture Scents and Sensibility: A Molecular Logic of Olfactory Perception", ノーベル賞ウェブサイト
https://www.nobelprize.org/prizes/medicine/2004/axel/lecture/

※15 『「第 108 回日本耳鼻咽喉科学会総会シンポジウム」嗅覚研究・臨床の進歩―匂い感知における嗅粘液の重要性と脳への信号伝達―』, 東原和成, 日本耳鼻咽喉科学会会報, 2008, 111, p.475-480

※16 『匂い認識の分子基盤：嗅覚受容体の薬理学的研究』, 日本薬理学雑誌 2004, 124.4, p.209

※17 『線虫 C. elegans の嗅覚を應用した早期がん検出法の開発』, 魚住隆行, 広津崇亮, 薬学雑誌, 2-19, Vol. 139, No. 5, p.759-765

※18 『再生医療』, 『科学史事典』, 日本科学史学会編, 丸善出版, p.413

※19 『日本で開発された細胞：iPS 細胞』, 舟越俊介, 山中伸弥, 吉田善紀, 循環器専門医, 2015, 23.2, p.299-304

※20 "The Nobel Prize in Physiology or Medicine 2012 Press release", ノーベル賞ウェブサイト
https://www.nobelprize.org/prizes/medicine/2012/press-release/

※21 プレスリリース 第一症例目の移植実施について, 公益財団法人先端医療振興財団 独立行政法人理化学研究所, 2014 年 9 月 12 日
https://www.riken.jp/pr/news/2014/20140912_1/

※22 『肝炎の概要』, MSD マニュアル家庭版
https://www.msdmanuals.com/ja-jp/%E3%83%9B%E3%83%BC%E3%83%A0/04-%E8%82%9D%E8%87%93%E3%81%A8%E8%83%86%E5%9A%A2%E3%81%AE%E7%97%85%E6%B0%97/%E8%82%9D%E7%82%8E/%E8%82%9D%E7%82%8E%E3%81%AE%E6%A6%82%E8%A6%81

※23 "Press release: The Nobel Prize in Physiology or Medicine 2020", ノーベル賞ウェブサイト
https://www.nobelprize.org/prizes/medicine/2020/press-release/

※24 "Hepatitis C Key facts", World Health Organization
https://www.who.int/news-room/fact-sheets/detail/hepatitis-c

※25　"Global hepatitis report, 2017 Overview", World Health Organization
　　　https://www.who.int/publications/i/item/global-hepatitis-report-2017

第 2 章　諾貝爾物理學獎

※1　"Wilhelm Conrad Röntgen Facts", ノーベル賞ウェブサイト
　　　https://www.nobelprize.org/prizes/physics/1901/rontgen/facts/
※2　『核の誘惑 戦前日本の科学文化と「原子力ユートピア」の出現』, 中尾麻伊香, 勁草書房,
　　　p.12
※3　『ノーベル賞の事典』, 秋元格, 鈴木一郎, 川村亮, 東京堂出版, p.284
※4　『ノーベル賞得奬者たち（2）ベクレルとキュリー夫妻』, 西尾成子, 物理教育, 2002, 第
　　　50 巻, 第 6 号
※5　『核の誘惑 戦前日本の科学文化と「原子力ユートピア」の出現』, 中尾麻伊香, 勁草書房,
　　　p.17
※6　"Henri Becquerel Biographical", ノーベル賞ウェブサイト
　　　https://www.nobelprize.org/prizes/physics/1903/becquerel/biographical/
※7　『放射能と原子核』, 『科学史事典』, 日本科学史学会編, 丸善出版, p.96
※8　『アインシュタイン論文選 ―「奇跡の年」の 5 論文』, Stachel, John J., 筑摩書房
※9　『光の粒子説と波動説 [連載 科学誌]』, 鬼塚史朗, 物理教育, 1995, 43 4, p.425-432
※10　『光電効果』, 日本大百科全書（ニッポニカ）
　　　https://kotobank.jp/word/%E5%85%89%E9%9B%BB%E5%8A%B9%E6%9E%
　　　9C-62823
※11　『量子論』, 『科学史事典』, 日本科学史学会編, 丸善出版, p.94-95
※12　『量子論』, 『科学史事典』, 日本科学史学会編, 丸善出版, p.95
※13　『シュレーディンガーの猫』, 知恵蔵
　　　https://kotobank.jp/word/%E3%82%B7%E3%83%A5%E3%83%AC%E3%83%BC%E
　　　3%83%87%E3%82%A3%E3%83%B3%E3%82%AC%E3%83%BC%E3%81%AE%E7%
　　　8C%AB-185790
※14　"Hideki Yukawa Nobel Lecture", ノーベル賞ウェブサイト
　　　https://www.nobelprize.org/prizes/physics/1949/yukawa/lecture/
※15　『消えた反物質：素粒子物理が解く宇宙進化の謎』, 小林誠, 講談社, 1997, p.62-63
※16　『ノーベル賞の百年：創造性の素顔：ノーベル賞 110 周年記念号』, ユニバーサル・アカデ
　　　ミー・プレス, 2011, p.77
※17　"Pugwash Conferences on Science and World Affairs Facts", ノーベル賞ウェブサ
　　　イト
　　　https://www.nobelprize.org/prizes/peace/1995/pugwash/facts/
※18　『今度こそわかるくりこみ理論』, 園田英徳, 講談社, 2014, p.2-5
※19　『今度こそわかるくりこみ理論』, 園田英徳, 講談社, 2014, p.3
※20　『今度こそわかるくりこみ理論』, 園田英徳, 講談社, 2014, p.5
※21　『今度こそわかるくりこみ理論』, 園田英徳, 講談社, 2014, p.6
※22　『くりこみ理論と現代の素粒子論（＜特集＞ 朝永振一郎博士の業績をふりかえって）』西
　　　島和彦, 日本物理学会誌, 1980, 35.1, p.72-74
※23　『今度こそわかるくりこみ理論』, 園田英徳, 講談社, 2014, p.10

※24 『CMB Images Nine Year Microwave Sky』, WMAP site NASA/WMAP Science Team, National Aeronautics and Space Administration
https://map.gsfc.nasa.gov/media/121238/index.html

※25 『ビッグバン宇宙論』, 天文学辞典, 公益社団法人 日本天文学会
https://astro-dic.jp/big-bang-cosmology/

※26 "Robert Woodrow Wilson Facts", ノーベル賞ウェブサイト
https://www.nobelprize.org/prizes/physics/1978/wilson/facts/

※27 "Pyotr Kapitsa Facts", ノーベル賞ウェブサイト
https://www.nobelprize.org/prizes/physics/1978/kapitsa/facts/

※28 "Press release: The Nobel Prize in Physics 2002", ノーベル賞ウェブサイト
https://www.nobelprize.org/prizes/physics/2002/press-release/

※29 『2002 年諾貝爾物理學獎得獎者, 小柴昌俊先生とカミオカンデ』, 中畑雅行, 物理教育, 2002, 50.6, p.365-369

※30 "Press release: The Nobel Prize in Physics 2021", ノーベル賞ウェブサイト
https://www.nobelprize.org/prizes/physics/2021/press-release/

※31 "The Nobel Prize in Physics 2021 Popular information", ノーベル賞ウェブサイト
https://www.nobelprize.org/prizes/physics/2021/popular-information/

※32 『-北極温暖化増幅を提唱された真鍋淑郎先生の諾貝爾物理學獎受賞に寄せて-』, 山内恭, 北極環境統合情報 WEB
https://www.nipr.ac.jp/arctic_info/columns/2021_nobel_prize/

第 3 章　諾貝爾化學獎

※1 "Speed read: Bringing Chemistry to Biology", ノーベル賞ウェブサイト
https://www.nobelprize.org/prizes/chemistry/1902/speedread/

※2 『【化学者の肖像 2】エミール・フィッシャー（1852-1919）』, 化学史学会ウェブサイト
https://kagakushi.org/archives/1596

※3 『アンモニアの工業的製法』, 栗山常吉, 化学と教育, 2018, 66 巻 11 号, p.528

※4 "Fritz Haber Nobel Lecture", ノーベル賞ウェブサイト
https://www.nobelprize.org/prizes/chemistry/1918/haber/lecture/

※5 『化学史への招待』, 化学史学会編, オーム社, p.202

※6 『化学史への招待』, 化学史学会編, オーム社, p.203

※7 『フラーレン その特性と, 合成・製造方法について』, 有川峯幸, 炭素, 2006, 2006 巻 224 号, p.299-307
https://www.jstage.jst.go.jp/article/tanso1949/2006/224/2006_224_299/_article/-char/ja/

※8 『96 年化学賞受賞の炭素材料フラーレン、日本人が存在予言』, 日本経済新聞, 2010 年 10 月 10 日 22:07
https://www.nikkei.com/article/DGXNASGG0900C_Q0A011C1TJM000/

※9 "The Nobel Prize in Chemistry 1996 Press release", ノーベル賞ウェブサイト
https://www.nobelprize.org/prizes/chemistry/1996/press-release/

※10 『生物発光と諾貝爾化學獎』, 寺西克倫, 化学と生物, 2009, 47.7, p.459

※11 "The Nobel Prize in Chemistry 2008 Popular information", ノーベル賞ウェブサイト
https://www.nobelprize.org/uploads/2018/06/popular-chemistryprize2008-1.pdf

※12 『諾貝爾化學獎 2 人受賞 世界を変えたクロスカップリング反応』, 中島林彦筆, 山口茂弘 協力, 日経サイエンス, 2010, 12 月号, p.11

※13 "The Nobel Prize in Chemistry 2010 Popular information", ノーベル賞ウェブサイト
https://www.nobelprize.org/uploads/2018/06/popular-chemistryprize2010-1.pdf

※14 『原子レベルの分解能を達成したクライオ電子顕微鏡技術』, Ewen Callaway, Nature ダ
イジェスト, Vol. 17, No. 9
https://www.natureasia.com/ja-jp/ndigest/v17/n9/%E5%8E%9F%E5%AD%90%E3
%83%AC%E3%83%99%E3%83%AB%E3%81%AE%E5%88%86%E8%A7%A3%E8%8
3%BD%E3%82%92%E9%81%94%E6%88%90%E3%81%97%E3%81%9F%E3%82%
AF%E3%83%A9%E3%82%A4%E3%82%AA%E9%9B%BB%E5%AD%90%E9%A1%9
5%E5%BE%AE%E9%8F%A1%E6%8A%80%E8%A1%93/104451

※15 『20 世紀の顕微鏡』, 『科学史事典』, 日本科学史学会編, 丸善出版, p.84

※16 "Press release: The Nobel Prize in Chemistry 2017", ノーベル賞ウェブサイト
https://www.nobelprize.org/prizes/chemistry/2017/press-release/

※17 "Unravelling biological macromolecules with cryo-electron microscopy", Rafael
Fernandez-Leiro, Sjors H. W. Scheres, Nature, 2016, 537, p.339-346
https://doi.org/10.1038/nature19948

※18 『20 世紀の顕微鏡』, 『科学史事典』, 日本科学史学会編, 丸善出版, p.84-85

※19 『電池の歴史と今後の可能性』, 稲田因昭, 電気学会誌, 2003, 123.6, p.358

※20 "Press release: The Nobel Prize in Chemistry 2019", ノーベル賞ウェブサイト
https://www.nobelprize.org/prizes/chemistry/2019/press-release/

※21 『ノーベル賞って、なんでえらいの？ 2020 リチウムイオン電池ってなに？』, NHK おう
ちで学ぼう！ for School
https://www3.nhk.or.jp/news/special/nobelprize2020/lithium/

※22 『リチウムイオン二次電池の開発と最近の技術動向』, 吉野彰, et al., 日本化学会誌（化学
と工業化学）, 2000, 2000.8, p.523-534

※23 "Press release: The Nobel Prize in Chemistry 2020 Popular Information", ノーベル
賞ウェブサイト
https://www.nobelprize.org/prizes/chemistry/2020/popular-information/

※24 『CAR-T 細胞療法』, NOVARTIS ウェブサイト
https://www.novartis.co.jp/innovation/car-t

※25 " 'Elegant' catalysts that tell left from right scoop chemistry Nobel", Davide
Castelvecchi & Emma Stoye, Nature, 2021, 598, p.247-248
https://doi.org/10.1038/d41586-021-02704-2

※26 "The Nobel Prize in Chemistry 2021 Popular information", ノーベル賞ウェブサイト
https://www.nobelprize.org/prizes/chemistry/2021/popular-information/

第 4 章　　改變歷史的重大發現

※1 『力学の誕生と発展』, 『科学史事典』, 日本科学史学会編, 丸善出版, p.88

※2 『蒸気機関と産業革命』, 『科学史事典』, 日本科学史学会編, 丸善出版, p.508

※3 "The Bicentenary of Joseph Black", Nature, 1928, 122, p.59-60
https://doi.org/10.1038/122059a0

※4 『天然痘（痘そう）とは』, 国立感染症研究所ウェブサイト

https://www.niid.go.jp/niid/ja/kansennohanashi/445-smallpox-intro.html
※5 『メアリー・アニングの冒険 恐竜学をひらいた女化石屋（Japan Edition）』, 吉川惣司, 矢島道子, 朝日新聞出版, Kindle 版 No.104
※6 『細胞』, 『科学史事典』, 日本科学史学会編, 丸善出版, p.180
※7 『種の起源（上）』, ダーウィン著, 渡辺政隆訳, 光文社, p.3
※8 『電磁気学』, 『科学史事典』, 日本科学史学会編, 丸善出版, p.91
※9 『周期表 いまも進化中』, Eric R. Scerri 著, 渡辺正訳, 丸善出版, SCIENCE PALETTE, p.65

第 5 章　未來的諾貝爾獎

※1 『人工光合成』, 今堀博, 学術の動向, 2011, 16.5, p.5_26-5_29
※2 『人工光合成の展望』, 井上晴夫, 表面科学, 2017, 38.6, p.260-267
※3 『逆浸透法を用いた造水技術の最近の動向』, 熊野淳夫, 繊維学会誌, 1992, 48.2, p.70-76
※4 "The Nobel Prize in Physics 2020", ノーベル賞ウェブサイト
　　https://www.nobelprize.org/prizes/physics/2020/summary/
※5 『天の川銀河中心のブラックホールの撮影に初めて成功』, 国立天文台プレスリリース
　　https://www.nao.ac.jp/news/science/2022/20220512-eht.html
※6 "Studies on the mechanism of general anesthesia", PAVEL Mahmud Arif, et al., Proceedings of the National Academy of Sciences, 2020, 117.24, p.13757-13766
※7 『麻酔の科学 脳に働くメカニズム』, B.A. オーサー, 日経サイエンス, 2007, 10 月号, p.58-66
※8 『ダークマター』, 天文学辞典, 公益社団法人 日本天文学会
　　https://astro-dic.jp/dark-matter-2/
※9 『回転曲線（銀河の）』, 天文学辞典, 公益社団法人 日本天文学会
　　https://astro-dic.jp/rotation-curve/
※10 『ニュートラリーノ』, 天文学辞典, 公益社団法人 日本天文学会
　　https://astro-dic.jp/neutralino/
※11 『20 世紀における超伝導の歴史と将来展望』, 田中昭二, 応用物理, 2000, 69.8, p.940-948
※12 『謎の三元系材料から現れた室温超伝導』, Davide Castelvecchi, Nature ダイジェスト, Vol. 18, No. 1
　　https://www.natureasia.com/ja-jp/ndigest/v18/n1/%E8%AC%8E%E3%81%AE%E4%B8%89%E5%85%83%E7%B3%BB%E6%9D%90%E6%96%99%E3%81%8B%E3%82%89%E7%8F%BE%E3%82%8C%E3%81%9F%E5%AE%A4%E6%B8%A9%E8%B6%85%E4%BC%9D%E5%B0%8E/106063
※13 『性の起源を探る』, 星元紀, Biological Sciences in Space, 2006, Vol.20, No.1, p. 15-20
※14 『宇宙エレベーターの物理学』, 佐藤実, オーム社, p.2
※15 『mRNA 医薬開発の世界的動向』, 位高啓史, 秋永士朗, 井上貴雄, 医薬品医療機器レギュラトリーサイエンス, 2019, 50.5, p.242-249

索 引

173

作者介紹

Kakimochi

北海道大學 理學院 凝態物理學專攻博士課程修畢。
在北海道大學教育推廣機構 科學技術交流教育研究部門
CoSTEP學習科學寫作。
2018年起，以插畫家和作家的身分進行寫作活動。
希望未來有機會可以訪問諾貝爾獎得主。
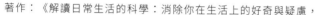

著作：《解讀日常生活的科學：消除你在生活上的好奇與疑慮，
　　　輕鬆讀懂日常科學！》
Twitter：@kakimochimochi

版型・內頁插圖　　　Kakimochi
版型・內頁設計　　　303DESiGN 竹中秀之
內頁DTP　　　　　　Top Studio

國家圖書館出版品預行編目(CIP)資料

解讀諾貝爾獎的科學知識：與 3 隻可愛的貓咪，一起探索與諾
貝爾獎相關的科學知識／Kakimochi 著；許展寧譯 . -- 初版 . --
臺中市：晨星出版有限公司，2023.10
　面；　公分 . --（勁草生活；537）
譯自：身の回りにあるノーベル賞がよくわかる本 しろねこ
と学ぶ生理学・医学賞、物理学賞、化学賞
ISBN 978-626-320-628-1（平裝）

1.CST：科學

300　　　　　　　　　　　　　　　　　112014739

歡迎掃描 QR CODE
填線上回函！

勁草生活 537	解讀諾貝爾獎的科學知識： 與 3 隻可愛的貓咪，一起探索與諾貝爾獎相關的科學知識 身の回りにあるノーベル賞がよくわかる本 しろねこと学ぶ生理学・ 医学賞、物理学賞、化学賞

作者	Kakimochi
版型、內頁插圖	Kakimochi
譯者	許展寧
責任編輯	謝永銓、許宸碩
校對	謝永銓、許宸碩
封面設計	李莉君
內頁編排	張蘊方
創辦人	陳銘民
發行所	晨星出版有限公司 407 台中市西屯區工業 30 路 1 號 1 樓 TEL：04-23595820　FAX：04-23550581 E-mail：service-taipei@morningstar.com.tw https://star.morningstar.com.tw 行政院新聞局局版台業字第 2500 號
法律顧問	陳思成律師
初版	西元 2023 年 10 月 15 日（初版 1 刷）
讀者服務專線	TEL：02-23672044／04-23595819#212
讀者傳真專線	FAX：02-23635741／04-23595493
讀者專用信箱	service@morningstar.com.tw
網路書店	https://www.morningstar.com.tw
郵政劃撥	15060393（知己圖書股份有限公司）
印刷	上好印刷股份有限公司

定價 350 元

ISBN 978-626-320-628-1

身の回りにあるノーベル賞がよくわかる本
（Mi no Mawari ni Aru Nobelsho ga Yoku Wakaru Hon: 7575-1）
© 2022 Kakimochi
Original Japanese edition published by SHOEISHA Co.,Ltd.
Traditional Chinese Character translation rights arranged with SHOEISHA Co.,Ltd.
through AMANN CO., LTD.
Traditional Chinese Character translation copyright © 2023 by Morning Star Publishing Co., Ltd.

Printed in Taiwan